核桃无公害高效生产技术

吴国良　主编

中国农业出版社

内容提要

核桃是世界上重要的果树树种，适应性强，经济价值高。核桃产业已成为我国许多农村地区的重要支柱产业。本书由河南农业大学、山西农业大学、山西省农业科学院果树研究所及山西威特食品有限公司等单位的相关专家通力合作，参考了国内外诸多相关资料编写而成。书中介绍了核桃产业发展概况、主要品种类型及其选择利用、无公害高效栽培和贮藏加工等产业化技术。可供农村基层干部、广大核桃生产者、农产品加工开发者和农林院校师生阅读参考。

主　　编　吴国良

副 主 编　史相玉　刘群龙　王　勇

参编人员　逄卫国　郝燕燕　张鹏飞

宋宇琴　段国锋　武彦霞

蔡华成　冀爱青　冯志远

智德勇

前　言

我国南北广袤的丘陵山区，农业生产条件较差，特别是水资源严重匮乏。在发展果树生产之初以这个基本国情为出发点，是我们在农业领域贯彻党中央制定的科学发展观、建设社会主义和谐社会的重要原则。果树生产历来是我国最重要的农业生产领域之一，也是当前农业生产经济增长的亮点和农业产业结构调整的热点。

近年来，在国家实行的保护环境、退耕还林的政策引导下，很多地方把发展核桃产业作为退耕还林的主要实施内容，极大地促进了核桃面积的迅速增加。作为一种适应性强、经济价值高、适于在我国广大地区发展的经济林树种，核桃已经成为我国农村部分地区新型高效农业的支柱产业之一，成为增加农民致富的新的经济增长点。核桃原产于我国及中亚地区，目前广布世界各地，对不同的气候类型和立地条件有很好的适应性。我国新疆、西藏不仅广泛分布有众多的核桃古树资源，而且我国人民很早就开始了核桃栽培，形成了目前以新疆为代表的西北区、以云南为代表的西南区等最早和最大的核桃生产基地。但由于种种原因，我国的核桃生产现状是规模大，产量较高但质量不高，效益更有待提高，完全满足不了国内外广大市场对核桃产品的大量需求。另一值得注意的倾向是，在退耕还林政策的落实过程中，很多地方出现了两方面的问题：一是大量栽植核桃实生苗而不嫁接的现象，造成了成龄的核桃迟迟不结果或结果了却无品种典型性；二是短期内大量发展核桃，良种苗木供不应求，造成品种混杂，良种化率很低。这些问题的出现不仅在目前，而且在今后相当长一段时期内会制约我国核桃产业的健康发展。

这种现状不仅仅表明我们果树产业的落后，同时也为我国农林产业提供了一个发展的契机：遵循发展果树的基本指导思想——“因地制宜、适地适树”，在干旱半干旱地区大力发展节水抗旱的干果类果树，以核桃为代表，形成高标准、高效益的干果产业。

作为中国园艺学会干果分会的常务理事，笔者对我国干旱地区发展果树生产长期以来予以高度关注和深刻思考，通过多年来在北方果区的调查研究和实践，特别是在诸多核桃界前辈的指导下，在承担了多个核桃研究项目及指导多处核桃生产基地建设的基础上对核桃生产进行了较系统地考察和研究，积累了大量的核桃研究资料，积淀了相当多的核桃科研体会，同时参考了国内外诸多相关文献编写了此书。

书中介绍了核桃种质资源研究、主要品种类型、品种选择利用、无公害高效栽培和贮藏加工等产业化技术，希望能对我国核桃产业的发展和促进种植技术水平的提高起到积极作用。

在本书付梓之际，首先要感谢我的导师傅耕夫教授和常留印教授，在本科毕业之初就参与了山西省核桃资源的调查和选优工作，历时虽不很长的核桃主产区调查与实践对从事核桃课题的持续开展打下了良好基础；感谢各位核桃界前辈和同行，是他们的大力提携和支持使本人在工作中能时时感受到我国核桃事业的欣欣向荣及产业发展的灿烂前景；感谢编者同行在工作中的大力配合和默默奉献。同时，在成书过程中参阅了大量国内外的研究文献，书末虽列出部分目录但难免挂一漏万；另外，段良骅先生绘制了书中插图并审阅了全部文稿。在此对他们表示诚挚的感谢和崇高的敬意！

目　录

1 核桃产业概况

1.1 核桃的栽培历史和现状

1.1.1 核桃的起源

核桃为落叶大乔木，原产亚洲腹地的古波斯（即今伊朗）一带。近年来，考古学家在河北武安磁山村发现了原始社会遗址（新石器时代）出土的文物中有炭化的核桃，在西藏聂聂雄湖相沉积中也发现了丰富的核桃和山核桃孢粉，证明我国是世界核桃原生中心之一。关于核桃栽培，晋代张华在《博物志》中载“此果出羌胡，汉时张骞出使西域，始得种还，植于秦中，渐及中土”，这是公元前122年间的事，证明我国的核桃栽培历史悠久。我国南北各地核桃种质资源十分丰富，据《中国果树志·核桃卷》记载，有无性系品种和优良品种216个，农家实生良种164个，优良株系486个。最著名的有云南的大泡核桃（又名漾濞核桃）、山西的汾州核桃、河北的石门核桃、四川露仁核桃、新疆纸皮核桃、陕西秦岭一带的“鸡蛋皮”核桃、临安山核桃等，均为我国特有的核桃资源。

1.1.2 核桃的分布范围

核桃在全世界的分布范围主要集中于欧洲、亚洲及北美洲。欧洲以法国、意大利、罗马尼亚栽培最多；亚洲以中国、土耳其最多；美洲则以美国为最，且集中于西南的加利福尼亚州。全世界30多个核桃生产国中，产量位居前列的是中国、美国及土耳其。美国核桃总面积约10万公顷，其中结果树面积约8万余公顷，年产量约22万吨。土耳其现有结果树300多万株，最高产量曾达 15 万吨。

我国核桃栽培历史悠久，分布范围很广。现在新疆的巩留、霍城一带山区仍分布有大量野生核桃林。华北、西北及西南各省、自治区均有核桃种植，主产区为山西、河北、陕西、甘肃、辽宁、云南、四川、山东、新疆等省、自治区。据多数专家研究，我国核桃主要集中于以下三个地区：

西北区：包括陕西、甘肃、青海、新疆等省、自治区；

华北区：包括山西、河北、山东、北京等省、直辖市；

西南区：包括云南、贵州、四川、西藏等省、自治区。

随着农林种植业结构的调整，我国核桃栽培逐步相对集中，形成了区域优势，这些地区栽培面积大，产量高，品质优。像山西的汾阳、孝义、左权，山东的泰安，河北的昌黎、涉县，陕西的商洛，青海的民和，甘肃的武威、陇南，贵州的毕节，云南的漾濞，新疆的塔里木盆地周围等都是我国核桃久负盛名的产区。20 世纪 70 年代以后，核桃主产区的产量上升较快，在 2006 年产量近 50 万吨的全国总产量中，云南省占到约 1/5，四川、山西、陕西紧随其后，产量位于全国前列。

我国核桃的总产位居世界第一，品质优良，出口的核桃及核桃仁在国际市场上很有影响，山西的汾州核桃、河北的石门核桃都是著名的地方良种。

1.1.3　核桃的栽培现状

1. 核桃栽培面积迅速扩大、产量大幅度增加　我国是世界第一大核桃生产国和重要的出口国，主要生产的省份有：云南、四川、山西、甘肃、新疆和陕西等地。目前，我国核桃栽培面积在 2000 年的约 66.7 万公顷基础上大幅度增加，年产量从 2002 年的 34.02 万吨增加至 2004 年的 43.69 万吨。

2. 名优品种增多，区域化、集约化栽培成效显著　目前，我国成功培育出众多核桃新品种，如鲁光、晋龙 1 号、中林 1 号、辽核1号等。从国外引进了黑核桃、美国长山核桃等新树种、新品种，进一步丰富了核桃资源，对于品种更新换代发挥了积极作用。在栽培管理技术方面，我国广大核桃工作者积极开展精细管理和集约化经营，取得了显著成效。许多集约化栽培丰产园比传统栽培的普通园增产10多倍，从而说明我国核桃生产的潜力巨大。核桃生产要获得经济效益，必须进行区域化、规模化生产。近几年来，我国出现了以省、县为单位的大面积区域化生产，1999年全国共有88个县（市、区）被国家林业局命名为“中国名特优经济林之乡”，2001年9月12日国家林业局决定命名北京市怀柔县等132个县（市、区）为第二批“中国名特优经济林之乡”。

3. 核桃生产已逐渐成为我国农村经济发展的一个新的增长点　事实说明，核桃在我国许多地方已成为农村经济的重要来源，涌现出许多依靠发展核桃实现脱贫致富的典型县（市），核桃已成为促进山区经济发展的一项新型主导产业。

1.1.4　我国核桃产业技术发展现状

1. 核桃品种选育　我国的核桃杂交育种始于20世纪60年代中后期，以辽宁经济林研究所、山东省果树研究所、中国林业科学研究院等科研单位成绩突出，以普通核桃为杂交亲本，先后培育出辽宁1号、中林1号及香玲等优良品种。1990年经林业部鉴定，评定出16个我国首批推广的早实型核桃新品种，成为目前核桃品种良种化的主力军。

2. 繁殖技术　20世纪80年代以前，我国核桃繁殖多以实生繁殖为主。核桃实生繁殖，在自然授粉情况下，子代变异很大，个体往往出现表型上的差异，且结果迟，已不能满足生产的需要。目前，嫁接繁殖是实现良种化、早果丰产的主要手段。

根据所用接穗的不同，核桃嫁接分枝接和芽接两大类。核桃插皮舌接是目前公认的成活率最高的枝接方法，其成活率一般可达80%以上。由此促进了高接换优在生产上的广泛应用。核桃芽接嫁接技术，随着砧木早播、接穗分次多采等技术的成功运用，目前成活率达95%以上，极大地促进了核桃良种化步伐。

3. 树体管理 核桃树形以主干疏层形或自然开心形为宜，整形一般宜早不宜晚，要求在5～7年内基本完成。初结果树修剪的主要任务是培养各级骨干枝，使其尽快形成良好的树体骨架。盛果期树修剪的主要任务是及时调整平衡树势，调节生长与结果的矛盾，延长盛果期年限。衰老树修剪的任务是用徒长枝、新发枝更新复壮树冠。核桃幼树丰产栽培技术研究结果表明，幼树应进行修剪，否则早实型品种易出现早衰现象，直接影响产量。

4. 病虫害防治 目前已知为害核桃的害虫共有120余种，病害30多种。从全国范围来看，不同地方病虫害种类、分布、为害程度各有不同，核桃病虫害直接影响核桃的产量和质量，已引起人们的广泛关注。

1.2 发展核桃产业的效益

1.2.1 经济效益

近十年来，中国核桃生产的成本效益发生了巨大的变化，总趋势是单位面积成本逐年提高，而核桃价格和经济收益也在显著增加。核桃生产中的投入因园地不同，相差悬殊。一般散生栽植、堰边栽植和林粮间作的投入成本相对较低，集约化经营的核桃园投入较高。通常投入在800～1 000元/亩*，产出在1 000～2 000元/亩；有些早实核桃良种丰产园，栽植第三年投产，第四年产量100～150千克/亩，每千克核桃坚果24～36元，产值为2 400～5 000元/亩，一般纯效益在1 600～4 000元/亩。据云南试验基地连续多年调查报告，10年生美国薄壳山核桃树产量

* 亩为非法定计量单位，1亩=667米^2。下同。

可达 18～40 千克，目前按美国山核桃丰产栽培技术规范，每亩最少栽 10 株，单产可达 180～400 千克，若以最低的市场价格 40 元/千克估计，产值至少也在 7 200 元/亩。

在当前农村经济结构调整中，果业结构的调整是一个重要内容。当前果业生产面临的一个主要问题就是全行业性的粗放经营，产品质量差，无市场竞争力。通过核桃科技项目的实施，可以促进我国核桃主产区生产技术的提高，全面提升核桃坚果的产量和质量，增强核桃坚果在国际市场上的竞争能力。

1.2.2 生态效益

通过核桃项目的实施，可以大幅度增加林地面积，提高森林覆盖率；对恢复和改善项目区生态环境、保持水土、净化空气将产生积极作用。我们可以算这样一笔账：按造林面积 80%的保存率计算进行效益比较，100 万公顷核桃经济林基地建成后，可新增森林面积 80 万公顷，森林覆盖率提高若干个百分点。作为经济林木，核桃树枝干挺直，枝繁叶茂，具有较强的拦截烟尘，吸收二氧化碳净化空气的能力，在许多地区常被作为行道树。核桃树根深叶茂，经济寿命很长，一次栽植，多年受益。由于树体适应性强，土石山区、河滩、山沟均可良好生长。核桃在我国西北黄土高原地区，梯田的埂边及缓坡地、土壤瘠薄的弃耕地上广为分布。核桃树体高大，在黄土残塬地区，适当发展核桃树，结合水土保持工作大力营造核桃经济林，利用核桃树庞大的树冠和广为分布的深根系，上可阻挡风雨，下可滞留水土，保护大片土壤，缓和地表径流，阻止土壤侵蚀，防止雨水冲刷，是美化环境、发展生态经济的上乘之策。

1.2.3 社会效益

在我国大部分欠发达的山老区，立地条件差，人口素质低，通过大力发展核桃这种适应性强的经济林，充分发挥其经济效益，为山区人民建设起绿色银行，帮助老区人民脱贫致富奔小康，这是我国当前新农村建设的一个主要方向。

随着我国人民生活水平的提高，对高档果品的消费需求日益旺盛，今后相当长一段时间内，核桃等高档干果都会很受人们欢迎，非常畅销，将供不应求。大力发展核桃产业对进一步推进农村产业结构调整，推动新农村建设，促进社会和谐发展都具有重要意义。

另外，在各种核桃科技项目的实施过程中，通过广播、电视、杂志、报纸等媒体以及举办培训班，普及优质、高效核桃坚果生产知识，绿色食品生产知识，提高果农的文化科技素质，从而取得良好的社会效益。

1.3 国内外核桃市场概况

1.3.1 国内外核桃生产概况

根据联合国粮农组织数据库资料：2006 年全世界核桃收获面积为 67.29 万公顷，栽培总面积在 200 万公顷以上，年总产量为 170 万吨，平均每公顷产坚果 2 569.47 千克。其中以亚洲、欧洲和北美三大洲的栽培面积最大，产量最高，年产量约占世界总产量的 97.14%。常年核桃产量在万吨以上的国家有 20 个左右，包括亚洲的中国、土耳其、伊朗、印度、巴基斯坦，欧洲的乌克兰、罗马尼亚、法国、希腊、奥地利、意大利、西班牙、白俄罗斯，北美洲的美国、墨西哥，南美洲的智利，非洲的摩洛哥等国。年产量 10 万吨以上的国家有伊朗和土耳其；年产量在 20 万吨以上的国家仅有中国和美国，中国核桃产量为 49.9 万吨，美国为 30.8 万吨（表 1-1）。中国、美国的核桃产量占世界核桃总产量的 77%，而最有代表性、生产水平最高、市场占有份额最大的当数美国。其他一些核桃主产国，如罗马尼亚、法国、保加利亚等产量却呈下降态势。美国核桃生产实现了栽培品种化、管理园区化、产收加工机械化、产供销一体化经营，从下树采收到加工成品出口仅 15 天，上市较早，并能做到季产年销，因此深受消费者欢迎而占据市场优势，其中钻石牌核桃是世界上享誉最高的核桃产品。

表 1-1　2006 年 10 个核桃主产国生产概况

国　家	产量（吨）	收获面积（公顷）	单位面积产量（千克/公顷）
中国	499 000	188 000	2 654.26
美国	308 440	87 075	3 542.23
伊朗	150 000	65 000	2 307.69
土耳其	129 614	76 667	1 690.61
墨西哥	79 871	54 539	1 464.48
乌克兰	60 000	13 500	4 444.44
罗马尼亚	38 471	1 678	2 292.70
法国	36 479	16 614	2 195.68
印度	36 000	30 800	1 168.83
埃及	32 167	5 620	5 723.67

资料来源：联合国粮农组织数据库。

美国核桃生产的优势还集中体现在：一是区域化栽植（集中分布在加利福尼亚州中部的萨克拉门托、圣化金河谷和俄勒冈东部）与规模化的生产；二是良种化与品种化的栽培；三是科学化与机械化的管理；四是专业化与一体化（完整的核桃仁）具有营养保健作用的产品。

1.3.2　主要进口国概况

世界核桃年贸易量为 15 万～20 万吨，其中带壳核桃和核桃仁各占一半。核桃主要生产国都是出口国，有 40 多个国家进口核桃，德国、西班牙、澳大利亚、新西兰等国为核桃主要进口国。近年来，由于加工和贮藏技术的提高，季节性消费已转变为全年性消费。随着世界经济不断发展和人们生活水平不断提高，近年来世界核桃市场的销量呈迅速上升趋势。据 2001 年联合国粮农组织预测，今后 10 年世界核桃的需求量将以每年 10%递增。世界核桃生产、贸易发展的空间较为广阔。美国核桃出口数量年际变化不大，2005 年国际核桃市场带壳核桃年交易量约 17.13 万吨左右，美国核桃坚果出口约 5.3 万吨，约占世界带壳核桃销售量的 30%；中国核桃坚果出口 1 480 吨。中国核桃市场售价每吨 1 267 美元，美国每吨售价 2 130 美元（表 1-2）。

表 1-2　2005 年核桃主产国坚果出口状况

国　家	数量（吨）	价格（美元/吨）	国　家	数量（吨）	价格（美元/吨）
中　国	1 480	1 267.02	印　度	190	1 307.25
美　国	52 790	2 130.31	伊　朗	90	1 544.39
法　国	19 180	2 106.45	墨西哥	80	1 974.37
乌克兰	5 750	742.93	埃　及	20	1 399.06
罗马尼亚	660	700.35	土耳其	10	2 258.92

资料来源：联合国粮农组织数据库。

中国、美国两个核桃生产大国的市场份额和销售单价的差距，关键就是产品质量，左右产品质量的核心就是质量标准和保障措施的落实。例如，土耳其 2006 年产核桃坚果 13 万吨，但品种化、规范化、标准化水平逐年提高且落实较好，其市场份额和售价也在不断提高。东欧摩尔达维亚产量不多，但仁色浅亮、外观漂亮，售价不菲。

另据世界树生果仁协会近年统计，5 个核桃仁出口国在国际市场占有率分别为：美国 55%，中国 14%，法国 13%，印度 9%，智利 6%，其他国家 3%。我国核桃仁出口的市场相对要好一些，主要出口日本、加拿大、新西兰及欧洲和中东各国，年出口量 1 万吨左右。由于我国核桃仁分路清、规格全、口味也较好，因此，有稳定的市场和固定的消费群体。但从 1995 年以后，受欧洲各种贸易质量标准的限制，出口量也在减少，目前的出口量在 1 万吨以下，最少年份的出口量不足 7 000 吨。世界常年生产的核桃油约 9.0 万吨，美国年产核桃油 2.0 万吨左右，其次为中国和土耳其，这三个国家年产量约占世界核桃油产量的 50%以上。每吨核桃油国际市场售价平均为 8 000 美元，并且一直是畅销货品。

1.3.3 国内外核桃的贸易及加工

据世界树生果仁协会统计报道，鉴于人类生存环境的恶化，人们对健康与健脑食品的需求渐旺。预计核桃仁的年需求量将以 5%的速度递增。与此同时，我国国内消费对核桃仁的需求量也将增长 10%～20%。

1. 出口规模 目前，我国国内核桃市场的需求空间增大，核桃国内销售势头高涨，价格明显高于国外市场。20 世纪 50～60 年代，中国在国际核桃市场销售中占有 50%～60%的份额，成绩辉煌；70 年代以后，美国实行品种化和技术更新，一跃成为外销数量和经济效益大国，中国核桃虽为种植面积和总产量大国，但因产品质量较差，在国际市场中所占份额和售价却逐年下滑，优势地位被美国取代，教训极为深刻。美国核桃如今处于盛果期，产量平稳，并呈增长势头。印度核桃产量为 3 万吨，质量也在提高，出口量也在增加，很有竞争力。东欧的摩尔多瓦核桃仁出口，对我国核桃仁在欧洲市场的销售也构成威胁，他们出口的核桃仁外观和品质与法国的优质核桃仁相似，且距离较近，价格便宜，深受欢迎。

近年来，中国核桃坚果出口数量波动较大，1996 年出口量 1 650吨，1999 年 4 750 吨，2001 年 1 180 吨，年平均出口量基本维持在 1 200～1 500 吨（坚果），有些年份达到 1 万吨左右（表 1-3）。可以看出，我国核桃仁作为传统的出口商品市场在萎缩，出口量在下降，如果不解决核桃仁采收加工中出现的掺水、掺杂问题，不从根本上改变核桃实生栽培和粗放管理等问题，我国核桃仁出口市场前景就不会乐观。

表1-3　1996—2005年中国核桃产量及出口概况

年份	生产量（万吨）	每公顷产量（千克/公顷）	出口种类及数量（吨）		出口价格（百万美元）	进口数量（吨）
			坚果	果仁		
1996	23.799	1 586.60	1 650	14 440	948.78	6 800
1997	24.983	1 561.50	1 520	13 450	2 100.82	7 700
1998	26.920	1 641.50	1 620	10 500	2 055.99	6 200
1999	27.425	1 662.10	4 750	9 070	2 740.36	6 700
2000	30.988	1 844.50	2 750	8 060	2 712.26	7 140
2001	25.235	1 442.00	1 180	9 600	1 493.40	5 450
2002	34.331	1 950.60	2 390	6 790	2 219.01	6 920
2003	39.353	2 186.30	1 240	8 650	1 604.21	7 120
2004	43.686	2 361.40	1 170	10 010	1 213.93	8 020
2005	49.907	2 863.20	1 500	12 570	1 873.92	10 240

资料来源：联合国粮农组织数据库。

我国核桃出口的国家和地区有近20个，主要有：英国、日本、越南、德国、加拿大及中国香港等。2003—2006年，中国核桃的出口量逐年增加，2004年核桃出口量为2003年的112.06%，2005年核桃出口量为2003年的138.20%，2006年核桃出口量为2003年的145.43%。

2. 贸易结构　核桃是中国传统的出口农产品，1921年全国核桃出口量为6 710吨，20世纪60年代开始出口英国和联邦德国。出口的核桃仁，由于颜色乳白，口味香甜，分级细致，在国际市场上备受青睐，曾一度和法国、意大利鼎足三分。20世纪70年代初，美国核桃以外观整齐、品质优良而逐渐占领部分国际市场。80年代后期由于中国核桃品质优劣混杂、大小不均等，产品质量难以与国外产品抗衡，导致出口量下降，2003 年的核桃出口量不足 1 万吨，在核桃国际市场的竞争力变弱。

通过上述项目比较，可以明显看出，中国、美国两个国家在单位面积产量、出口数量、坚果和果仁质量与售价之间的密切关系，进一步说明，产量大国不一定是竞争强国和效益大国。随着中国加入 WTO，经济全球化进程加快，果品的国内外市场竞争日趋激烈，大宗果品的比较效益持续走低，而核桃等特色果品由于市场竞争力强、比较效益高，发展前景广阔。

进入 21 世纪，中国核桃产业重新快速发展。据世界树生果仁协会近年统计，2005 年中国核桃仁出口在国际市场的占有率位居第二位，仅次于美国；联合国粮农组织统计结果：2005 年世界核桃产量中，中国产量达 49.9 万吨，位居第一，美国产量第二，伊朗产量第三。尽管中国核桃产量和核桃仁出口取得了巨大的进步，但中国核桃坚果和果仁外销出口方面，由于产品质量较差，在国际销售市场中份额依然低而不稳。为此，选育优良核桃品种，改善核桃品质，实现中国核桃生产的品种化、规范化、产业化、商业化成为核桃产业发展中亟须解决的问题。

1.4 我国核桃产业目前存在的问题及对策

1.4.1 存在问题

1. 品种混杂，商品一致性差 有些地方忽视品种，植株良莠不齐，缺乏合理的规划设计，未能实行科学化、区域化建园，导致园址立地条件差，品种选择不当，苗木质量差。历史上，由于北方核桃嫁接繁殖难，人们只能以实生繁殖方式发展核桃。虽然目前核桃嫁接问题已得到彻底解决，同时育成一批生产力高的优良品种，但优良品种所占比例很小，生产中仍然是过去实生繁殖的个体，产量低，个体之间变异较大，商品一致性差，品种化程度低，不利于集约化管理而效益不高。

2. 管理粗放，产量低品质差 有些地方重栽轻管，不少核桃园地处于荒芜或半荒芜状态，肥水不足、整形修剪不当，病虫害严重，未能实行集约化的精细管理。栽植立地差，管理粗放，缺乏对核桃商品化生产发展的认识，忽视树种对立地的选择，盲目栽植。当前零星分散核桃树比例过大，致使无法人工管理，病虫害蔓延，收成难以保证，更谈不上商品果生产。

重栽树，轻管理。在许多地区将核桃用林木生产方式管理，不施肥、不灌水、不修剪、不防治病虫害，任其自然生长。对立地条件较好，按一定株行距栽植的核桃园的管理，也仅仅停留在管理间作物时顺便照顾的管理水平。

3. 市场发育不健全，产品销售渠道不畅 主要原因是信息不灵交通不便、分级包装不好以及受外贸市场的制约，在商品流通领域缺乏规范化与商品意识。果农相互之间基本不联系，未形成应有的组织形式和以利益为纽带的经济共同体，技术信息和市场信息交流的渠道不畅，使生产处于较封闭的状态，难以适应市场经济条件下商品化大生产的要求。

4. 贮藏加工环节薄弱 由于部分群众受传统观念的束缚，缺乏贮藏加工条件与技术，对保鲜贮藏和加工转化增值认识不足或没有能力。我国核桃生产以农户为基本单位，而且绝大多数为兼营，栽培面积很小。采后处理技术落后，没有脱皮、烘干、漂洗专用设备，如遇不良天气，还会产生霉变，造成损失，果实商品质量难以保障。

5. 缺人才、缺技术、缺资金，未能收到应有的经济效益。

1.4.2 发展对策

核桃产业要健康发展，必须注意要抓好产前、产中、产后三个环节，即产前的品种选择和基地建设，产中的技术培训科学化管理，产后的市场开发和品牌建设。要从人才培养和技术培训、优化品种结构、良种区域化、苗木嫁接化、管理标准化、生产规模化、营销产业化等方面着手开展工作。

1. 加强人才培养和技术培训，搞好人才、知识和技术储备 为了全面开创21世纪我国核桃生产新局面，必须抓好核桃栽培、产品贮藏加工、市场营销等专门人才的培养工作，包括大中专毕业生、研究生的培养，以适应不同工作岗位对各种层次人才的需求。同时，要加强对从事核桃生产的技术工人以及营销人员的技能培训，逐步提高他们的业务素质和管理水平。既抓好学历教育，又抓好职业技术教育，还要抓好短期技术培训与职业技能鉴定工作，要有发展眼光，为核桃科技与生产做好人才知识和技术储备，以促进我国核桃产业的发展。

2. 优化树种和品种结构，实施品牌战略 为了更好地与国际市场接轨，核桃的各类树种的发展和布局，必须严格按照市场需求规律进行科学预测全面规划、优化树种和品种结构，争取达到各种产品供求平衡，实现增产增收。积极用名、特、优、新品种取代老劣品种，注意早实品种与晚实品种合理搭配。实施品牌战略，开发推广核桃品牌，如山西目前的汾州裕源核桃、晋玉核桃，四川广元的栈道核桃、陕西黄龙的圣龙核桃等。

3. 良种区域化、苗木嫁接化是核桃产业发展的核心

(1) 良种区域化的概念 品种布局区域化就是按照品种生态型与生态条件相适应的原则布局品种，即按照各地不同的地理环境、气候特点、生产水平、经济条件及病虫害发生的历史和现状，群众的耕作习惯等方面，来确定品种的引进、繁育和推广。

品种区域化是实现适地适种的主要途径，其内容和任务为：在适应范围内安排品种。

(2) 确定不同区域的品种组成 即良种合理搭配，就是要因地制宜、因时制宜，在一定生态地区范围内，有主有次地配置不同类型的优良品种，置品种于最佳生态区，以充分发挥各个品种的增产潜能，达到稳产增产的目的。

(3) 良种区域化的做法 在科学考察论证的基础上，稳妥地引进和繁育优良品种；大力发展优良品种的嫁接苗，坚决杜绝实生苗和混杂苗，为核桃产业的长远发展打好基础。

（4）苗木嫁接化　要推广优良品种，保证品种优良特性必须实行苗木嫁接。

4. 管理标准化是关键　加强技术推广体系的建设，尽快转化科技成果。在加强对我国各地在职核桃技术人员的继续教育、终身教育和业务培训的基础上建立健全省、地、县、乡各级核桃生产技术推广服务体系，形成比较完善的技术推广网络，加快新技术推广步伐，加快科技成果转化。

加大科技含量，实施科学管理。我们要积极吸收和引进国外先进技术和经验，还应当在强化核桃科学研究、不断培育优质高产抗逆性强的优良新品种的同时，要大力推广普及新品种、新技术、新成果，尽快把先进实用的生产技术送到群众手中。实现管理标准化，使土壤改良、施肥灌水、整形修剪、病虫害防治、产品采收等管理环节科学而且高效。要积极推广优质、丰产、高效栽培，科学施肥，合理灌溉等新技术。真正做到栽管并重、产量质量并重、地上地下并重、冬剪夏剪并重、采前采后并重、病虫害自然灾害防治并重，科学管理，实现优质、丰产的生产目标。

我国是缺水国家之一，应积极推广应用穴贮肥水栽培技术和旱作技术，培育推广抗旱性强的核桃优良新品种，大力推广滴灌、喷灌、微喷灌等节水灌溉技术，保证核桃生产对水分的正常需要。

5. 生产规模化是保障　加快名特优核桃基地建设，没有规模就没有效益，切实搞好名特优核桃基地建设，建设一批核桃生产高新技术示范园区，通过园区辐射带动广大农民的科学化管理。

（1）大力推进无公害生产进程，使核桃产品符合国际市场标准　无公害生产首先要对栽培环境进行选择和控制，土壤、水源、空气都要求无污染。其次，使用的肥料要求全部为有机肥或以有机肥为主，严格控制化肥的使用种类和数量，尤其是限制氮素化肥的用量。在进行无公害栽培过程中，基肥要选择优质有机肥，有条件地区要用微生物制剂进行处理，追肥时也可追施有机生物复合肥。再次，病虫害防治要使用生物农药、植物农药以及其他无公害农药。严禁使用高毒、高残留的化学农药。最后，在收获、运输、加工过程中也要严格控制，防止污染。

（2）注重产品的贮藏保鲜与加工，实现转化增值　搞好核桃产品的贮藏保鲜，是产后保值、增值的一条重要途径。开展核桃产品的初加工与深加工，不断开发新产品、优质名牌产品及绿色食品，极大地提高其经济价值，是现代核桃产业化的必然要求。因此，我们必须抓好核桃的产前、产后各项工作，高度重视贮藏加工型龙头企业的培养，多种途径促进核桃产业化进程。要加大投资，搞好核桃产品的深加工和精加工，真正实现加工转化增值的目的。

6. 营销产业化是手段，掌握市场规律搞好商品流通，实现高效益　我国各地要及时调整核桃产业发展思路，更新观念，不断加大产业结构调整力度，大力发展名特优新品种，积极培育核桃产品加工龙头企业，坚持核桃生产、贮藏加工、流通环节一起抓，实行产业化经营，走产业化经营之路，生产出更多品质优良、包装精美的各种核桃产品和加工产品。在生产名牌产品的基础上，一定要充分利用各种媒介和机会，广泛宣传我国名牌产品，建立全方位的信息网络、技术推广网络、物资供应网络和市场销售网络，疏通流通渠道，提高产品竞争能力。

总之，在核桃产业发展过程中，品种良种化是基础，良种区域化苗木嫁接化是核心，管理标准化是关键，生产规模化是保障，营销产业化是手段，真正搞好产、供、销一条龙服务，做到栽培、加工、贮藏、营销一体化，促进我国核桃生产的全面进步，达到核桃产业高效益的目标。

2 核桃种质资源和品种类型

2.1 主要种质资源

核桃（*Juglans regia* L.），在我国有胡桃、羌桃、万岁子等别名，国外称波斯核桃（Persian walnut）、英国核桃（English walnut）或欧洲核桃（European walnut），是世界上重要的坚果树种。

核桃属于胡桃科（*Juglandaceae*）核桃属（*Juglans* L.），其中有栽培价值的约有10余种。原产我国并作为核桃育种资源的主要有以下5种。

2.1.1 主要种

1. 普通核桃（*J. regia* L.） 是核桃属中栽培应用最广泛的树种，较耐寒冷、干旱而不耐湿涝。其品种类型繁多，结实年龄有早晚之分。坚果较大，壳薄，核仁饱满，品质优良，为世界核桃主产国的主栽树种，也是我国北方核桃主产区的主要分布树种。

2. 铁核桃（*J. sgillata* Dode.） 为核桃属中的南方类型，原产我国云南、贵州、四川地区。本种耐湿热、不耐干旱，抗寒力弱。其品种类型繁多，坚果大小和形状表现多种多样，品质优良，核外表面不光滑，但仁饱满。

3. 核桃楸（*J. mandshurcia* Maxim.） 原产我国东北及俄罗斯远东地区，较抗旱，极抗寒，可耐－50℃的低温。坚果核壳厚，核仁很难从壳中取出。

4. 河北核桃（*J. hopeiensis* Hu） 为普通核桃与核桃楸的种间杂种，又叫麻核桃。高大乔木，坚果近球形，有8棱，壳厚，仁小可食。作核桃砧木，开发麻核桃作工艺品的称文玩核桃，近两年市场前景看好。

5. 黑核桃（*J. nigra* L.）　该种原产美洲大陆，抗寒、抗旱，对不良环境适应力强，坚果食用价值高，是一个优良的材果兼用树种。

除此之外，还有核桃属以及山核桃属（*Carya Nutt*）的其他种类，常见的有野核桃（*J. cathayensis* Dode），又称山核桃，分布于我国大部分地区，壳厚而有棱，仁小可食，可作核桃砧木。此外，灰核桃（*J. cinerea* L.）、吉宝核桃（*J. sieboldiana* Maxim.）、心形核桃（*J. cordiformis* Maxim.）、北加州黑核桃（*J. hindsii* Rehd.）、小果核桃（*J. draconis* Dode.）、果子核桃（*J. orentalis* Dode.）、长果核桃（*J. stenocarpa* Maxim.）等也可作为今后核桃生产有潜力的种质资料。

2.1.2　特异类型

新引进和新发现的变异类型

1. 特大型核桃　坚果纵径可达7～8厘米，侧径5厘米，单果重约36克，相当于普通核桃的3倍左右，但果壳较厚，有时核仁不饱满。

2. 无壳核桃　坚果的硬壳退化成一层薄膜，用手极易撕掉，出仁率可达90%以上。

3. 穗状核桃　雌花序为穗状，有4～30朵雌花。目前出现两种：一种为雌花聚生，呈葡萄穗状，故称葡萄状核桃；另一种为雌花散生在一个较长的花轴上，又称串核桃。

4. 红瓤核桃　我国秦岭核桃产区的珍稀资源，《中国果树志·核桃卷》有记载。果个小，近圆形，坚果重10～13克，壳厚1～1.2毫米。仁饱满充实，取仁易。仁色鲜红，贮藏后呈艳紫红色，甚是美观。

5. 文玩核桃　主要分布于太行山东麓中北段地区，主要来自于河北核桃这个种。河北农业大学艺核1号已通过鉴定。

6. 白水核桃　分布于山西左权，河南林州、卢氏。青果皮单宁少，坚果为靓丽的白色。

7. 裢褡核桃　陕西康县嘴台村仅有1株，多为双果或1个青果内有两枚坚果紧靠，次果形约占总果数的30%，易受冻害。

8. 果材兼用核桃　山东发现的一优株。该优株品质优良，初步确定为材果兼用型核桃，定名为“青林”。果材兼用型核桃是我国未来核桃发展的一个重要方向。

9. 雌花晚开型　辽宁经济林研究所育成的新品种——寒丰，坚果中大，连续丰产，雌花晚开25天，躲过霜冻期。

2.2　品种分类

核桃的品种选择是发展核桃产业的基础。但在实际应用中，根据核桃的不同特性可有以下诸多分类。

2.2.1　按核桃起源分类

品种按核桃起源分类：新疆核桃、华北山地核桃、秦巴山地核桃、西藏高地核桃。

2.2.2　按核桃用途分类

按核桃的用途分为食用核桃、文玩核桃。

1. 食用核桃　主要供消费者食用的核桃。

2. 文玩核桃　是对核桃进行特型、特色的选择和加工后形成的具有玩赏和收藏价值的核桃。文玩核桃的产地和种类各异，大致分为麻核桃、楸子核桃、铁核桃三大类。

食用核桃和文玩核桃的区别在于经济性状，前者强调可食性；后者则以壳厚纹理丰富为佳，强调赏玩性。

2.2.3　按核桃种壳薄厚分类

按核桃种壳薄厚分类：纸皮核桃类、薄壳核桃类、中壳核桃类、厚壳核桃类。

1. 纸皮核桃类（壳厚1.0毫米以下）　内褶壁膜质或退化，可取整仁，出仁率在60%～65%以上，是仁用价值较高的核桃类型。

2. 薄壳核桃类（壳厚1.1～1.5毫米）　内褶壁隔革质或膜质，可取半仁或整仁，出仁率为50.0%～59.9%，是当前果用商品核桃的主要类型。

3. 中壳核桃类（壳厚1.6～2.0毫米）　内褶壁革质或膜质，取仁较难，可取1/4或半仁，出仁率为40.1%～49.9%。

4. 厚壳核桃类（壳厚在2.1毫米以上）　内褶壁骨质化的称"夹核桃"，只能取碎仁，出仁率在40%以下。

2.2.4　按结实早晚分类

按结实早晚分为早实核桃、晚实核桃。

2.2.5　按取仁难易分类

按取仁难易分为绵核桃、二性核桃、夹核桃。

1. 绵核桃　内隔膜不发达，易于取仁的类型。

2. 二性核桃　介于绵核桃和夹核桃之间的类型。

3. 夹核桃　内隔膜高度发达，紧抱种仁，造成很难取仁，取出的全为破碎的仁，食用及加工均不方便。

2.3　主要优良品种

2.3.1　国内优良品种

1. 辽宁1号

来源及分布：辽宁省经济林研究所通过人工杂交培育而成。属早实核桃品种类型。

果实经济性状：坚果圆形，重9.4克。壳面较光滑，色浅，壳厚0.9毫米左右。可取整仁。核仁重5.6克，出仁率59.6%。

侧芽形成混合芽达90%以上。

生长和结果习性：该品种树势强，树姿直立或半开张，分枝力强，极丰产，每雌花序着生2～3朵雌花，坐果率60%以上，属雄先型。9月下旬坚果成熟。5年生平均株产坚果1.5千克，最高达5.1千克，高接树4年生平均株产坚果达2.1千克。该品种适应性强，耐寒，适于北方核桃栽培区栽培。

2. 香玲

来源及分布：山东省果树所于1978年用早实优系上宋5号×阿克苏9号杂交育成。1989年通过林业部鉴定。目前华北、西北各省正引种栽培。属早实核桃品种类型。

果实经济性状：坚果卵圆形，中等大，平均单果重10.6克，最大13.2克，三径平均3.4厘米，壳面光滑美观，壳厚0.99毫米，缝合线较松，可取整仁，出仁率57.6%，仁色浅，风味香，品质上等。

生长和结果习性：植株生长中庸，树姿开张，分枝角70°左右，树冠半圆形。叶较小，绿色，属雄先型，中熟品种。该品种丰产性强，肥水不足果实变小，结果过多时树势易衰弱。注意增施有机肥，适量负荷，延长结果寿命。抗寒、抗旱、抗病性较差，对肥水条件要求严格，干旱、管理粗放等会导致结果寿命缩短。

3. 岱香

来源及分布：岱香是辽核1号×香玲，人工杂交育成的核桃新品种。1997年定为优系，2003年通过山东省林木良种审定委员会审定并命名。

果实经济性状：坚果大，长圆形，纵径4.0厘米，横径3.6厘米，平均单果质量13.9克；外壳较为光滑，缝合线紧，稍凸，不易开裂，壳厚1.0毫米，易取整仁；核仁质量8.1克，出仁率58.27%；核仁饱满，色浅味香，无涩味，脂肪含量66.2%，蛋白质含量20.7%，品质优良。

生长和结果习性：树体强健，树冠密集紧凑。枝条粗壮，节间短（平均2.42厘米），分枝力强（1∶4.3）。混合芽肥大饱满，每结果枝着生2～4朵雌花，侧生混合芽比率95%以上，多双果和3果，坐果率70%。结果母枝抽生的结果枝短且多，果枝率91.2%，连续结果能力强，丰产、稳产。雄花较少。雄先型，果实9月初成熟。雌花期与鲁丰、中林5号等雌先型品种雄花期接近，可互为授粉。属早实型品种，定植第一年开花，第二年结果，第四年进入丰产期。该品种树体矮化，树形宜采用小冠疏层形，密植园栽培，抗逆性强。在土、肥、水条件较差的山区栽培，生长速度缓慢，影响早期产量。最适宜在土层厚度1.0米以上，pH 6.3～8.2的北方核桃栽培区发展。

4. 温185

来源及分布：由新疆林业科学院选自阿克苏地区温宿薄壳品种群。1989年通过林业部鉴定。属早实核桃品种类型。

果实经济性状：坚果中等大，平均单果重11.2克，最大14.2克，三径平均3.4厘米，壳面光滑美观，壳厚1.09毫米，偶尔有露仁果，缝合线较松，可取整仁，出仁率58.8%，仁色浅，风味香，品质上等。

生长和结果习性：植株生长中庸，树姿较开张。分枝角65°左右，树冠半圆形。叶较大，深绿，属雌先型，早熟品种。该品种连续结果能力强，特丰产，品质优良。适应性较强，较抗寒、抗旱、抗病。树冠紧凑，适宜矮化密植栽培，注意疏花疏果，以保证连年丰产和坚果品质不降。要求肥水条件好，喜欢在疏松土壤中生长。若栽培条件差，果实会变小，品质降低。

5. 绿岭

来源及分布：由河北农业大学和河北绿岭果业有限公司从香玲核桃中选出的芽变。1995年选出，经过多代嫁接繁殖，性状稳定，2000年中试，2005年通过河北省林木品种审定委员会认定并命名。

果实经济性状：坚果卵圆形，浅黄色，横、纵、高径平均 3.42 厘米，单果质量 12.8 克；壳厚 0.8 毫米，均匀不露仁，缝合线平滑而不突出，果面光滑美观；内种皮淡黄色，无涩味，种仁颜色浅黄，饱满浓香，出仁率 67%以上；脂肪含量 67%，蛋白质含量 22%。与香玲相比，绿岭核桃具有壳薄、果个大、出仁率高、脂肪和蛋白质含量高等优点。

生长和结果习性：树势强壮，树姿开张。雌花序有花 1～2 朵，雄花序长 2～4 厘米。在河北临城萌芽期 3 月下旬，展叶期 4 月上中旬，果实成熟期 9 月初，比香玲晚 3～5 天，果实生育期 110～120 天，落叶期 11 月上旬。盛果期注意利用上枝、上芽复壮骨干枝，回缩更新多年生结果母枝和下垂枝。秋施基肥，株施有机肥 50～80 千克，磷酸二铵 0.5～1 千克或果树专用肥 1～2 千克。发芽前、幼果膨大期和果实硬核期追肥，幼树可株施尿素 0.1～0.3 千克，果树专用肥 0.2～0.5 千克。盛果期株施尿素 1～1.5 千克，果树专用肥 2～2.5 千克。萌芽前、果实硬核期、冬季封冻前灌水。

6. 薄壳香

来源及分布：北京农林科学院林业果树研究所选自由新疆引进种子的实生树。“七五”期间参加全国早实核桃品种区试，华北、西北各省正引种栽培。

果实经济性状：坚果较大，平均单果重 13.02 克，最大 15.5 克，三径平均 3.58 厘米，壳面光滑美观，壳厚 1.19 毫米，缝合线紧，可取整仁，出仁率 51%，仁色浅，风味香，品质上等。

生长和结果习性：植株生长势强，树姿较直立，分枝角 55°左右，树冠圆头形。叶大而厚，深绿色。属雄先型，晚熟品种。该品种丰产性较强，抗寒、抗旱、抗病性较强，对栽培条件要求严格。适宜在干旱黄土丘陵区生长，栽培条件好时结果寿命长。

7. 中林 1 号

来源及分布：中国林业科学研究院林业研究所用山西汾阳串

子（晚实）作母本，用祁县涧 9-7-3（早实）作父本杂交育成。1989 年通过林业部鉴定。属早实核桃品种类型。

果实经济性状：坚果中等大，平均单果重 10.45 克，最大 13.1 克，三径平均 3.38 厘米，壳面较光滑美观，壳厚 1.1 毫米，缝合线微凸，结合紧密，可取整仁或 1/2 仁，出仁率 57.4%，仁色浅，风味香，品质上等。在通风、干燥、冷凉的地方（8℃以下）可贮藏一年品质不下降。

生长和结果习性：植株生长势强，树姿较开张，分枝角 65°左右，树冠自然圆头形。叶质厚，深绿色，光合能力较强，属雌先型，中熟品种。该品种连续结果能力强，结果过多易变小，注意增强肥水管理。较抗寒、耐旱、抗病性较差。

8. 晋丰

来源及分布：山西省林业科学研究所选自祁县引种的新疆核桃实生苗。“七五”期间参加全国早实核桃品种区试，主要栽培于山西、陕西、河南等地。属早实核桃品种类型。

果实经济性状：坚果中等大，卵圆形，平均单果重 11.34 克，最大 14.3 克，三径平均 3.47 厘米，壳面较光滑美观。壳厚 0.81 毫米，缝合线紧，可取整仁，出仁率 67.0%，仁色浅，风味香，品质上等。在通风、干燥、冷凉的地方（8℃以下）可贮藏 10 个月品质不下降。

生长和结果习性：植株生长中庸，树姿开张，分枝角 70°左右，树冠半圆形。结果枝强，叶质厚，深绿色，有光泽，属雄先型，早熟品种。该品种丰产稳产，坐果率较高，干性较弱，应注意疏花疏果，加强肥水管理，减少小果率，延长结果寿命。该品种抗寒、抗旱、较抗病。雌花开放较晚，有利避开晚霜危害。

9. 绿波

来源及分布：河南林业科学研究所选自新疆早实核桃实生树。1989 年通过林业部鉴定。“七五”期间参加全国早实核桃品种区试，目前华北、西北各省正引种栽培。属早实核桃品种类型。

果实经济性状：坚果长圆形，中等大，平均单果重10.46克，最大13.2克，三径平均3.42厘米，壳面较光滑美观，壳厚1.01毫米，缝合线微凸，结合紧密，可取整仁，出仁率58.5%，仁色浅，风味香，品质上等。在通风、干燥、冷凉的地方（8℃以下）可贮藏10个月品质不下降。

生长和结果习性：植株生长势强，树姿较开张，分枝角65°左右，树冠半圆形。叶片中大，叶质厚，深绿色，属雌先型，中熟品种。该品种树冠紧凑，短果枝结果，适宜矮化密植栽培。抗寒、抗旱性强，抗病性弱。适宜在丘陵山区发展。

10. 礼品1号

来源及分布：辽宁省经济林研究所通过实生选种培育而成。属晚实核桃品种类型。

果实经济性状：坚果长圆形，单果重9.7克。壳面光滑，色浅，壳厚0.6毫米，极易取整仁，属纸皮类。核仁重6.74克，出仁率70%。

生长和结果习性：树势中庸，树姿半开张。16年生母树，每母枝平均发枝数1.9个，果枝率为58.4%。果枝平均长15～30厘米，粗0.9厘米，属于长果枝型。每果枝平均坐果1.2个。每平方米冠幅投影面积产仁量150克左右。属雄先型。9月中旬果实成熟。嫁接树3年生开始结果，产量中等。该品种适应性强，耐寒，适宜在年均温9～16℃，冬季最低气温在－28℃以上，年降水量在450毫米以上，无霜期在145天以上的北方核桃栽培区栽培。

11. 晋龙1号

来源及分布：山西省林业科学研究所1978年选自汾阳县南偏城村当地晚实核桃类群，1990年通过省科委鉴定，定名为晋龙1号。1991年列入全国推广品种。主要栽培于山西、河北、北京、山东等省。属晚实核桃品种类型。

果实经济性状：坚果较大，平均单果重 14.85 克，最大 16.7 克，三径平均 3.78 厘米，果形端正，壳面光滑，颜色较浅，壳厚 1.09 毫米，缝合线窄而平，结合紧密，易取整仁，出仁率 61.34%，平均单仁重 9.1 克，最大 10.7 克，仁色浅，饱满，风味香，品质上等。在通风、干燥、冷凉的地方（8℃以下）可贮藏一年品质不下降。

生长和结果习性：植株生长势强，树姿开张，分枝角 60°～70°。树冠圆头形，叶片大而厚，深绿色，属雄先型，中熟品种。该品种是我国第一个晚实优良新品种，其嫁接苗比实生苗提早 4～6 年结果，幼树早期丰产性强，品质优良。抗寒、抗晚霜、耐旱、抗病性强。栽培条件好时连续结果能力强。适宜我国华北、西北丘陵山区发展。

12. 鲁光

来源：山东果树研究所以新疆纸皮核桃作母本，上宋 6 号作父本杂交育成。

果实经济性状、生长习性：坚果卵圆形，果实中等大小，每千克约 75 个左右。壳面光滑，刻纹较浅，壳较薄，易取整仁，出仁率 55%，仁色稍浅，风味香，品质上等。植株长势较强壮，分枝角度大，树姿开张，适应性强，丰产性好，宜于密植栽培。

13. 金薄香 7 号

来源及分布：金薄香 7 号核桃是在 20 世纪 80 年代中期从新疆引入的优良薄壳核桃中按照实生选种的方法，经 20 多年选育出来的新品种。2000—2008 年先后在山西太谷、汾阳等地进行区试，表现早实，薄壳，种仁饱满，丰产，抗逆性强，与亲本比较，具有果个大、壳面光滑、出仁率高、风味香甜等优点。2008 年 9 月通过山西省林木品种审定委员会审定。

果实经济性状：坚果圆形，果基圆平或圆，顶部圆，微尖，纵、横、侧径为 3.15、3.29、3.11 厘米，果形指数 0.96；平均坚果质量 10.6 克，核仁质量 6.4 克。壳面光滑，缝合线突起，结合紧密，壳厚 1.0 毫米，出仁率 60.4%。横膜窄或退化，内褶壁膜质，易取整仁，核仁饱满，黄色，肉乳白，味香。

生长和结果习性：干性较强，层性明显，生长势较强。当年生枝条能抽生二次枝，在初果期，腋花芽结果能力强，芽具早熟性。结果部位比较均匀，以中、短果枝结果为主，双果比例为 46.3%。丰产性好。在晋中地区 4 月上中旬萌芽，雄花盛期和雌花盛期均在 5 月上旬，花期 7～10 天，雌雄花期相遇，雌雄同株，雌花单生或 2 个。果实 9 月初成熟，10 月底至 11 月初落叶，果实发育期 125 天，营养生长期 210 天。该品种具较强的抗旱性、抗病性和较高的无融合生殖能力。适合在山西省太原以南或者类似气候条件地区栽培。

14. 晋龙 2 号

来源及分布：由山西省林业科学研究所从实生核桃群体中选出。1990 年定名。主要在山西、山东、北京等地栽培。属晚实核桃品种类型。

果实经济性状：坚果近圆形，纵径、横径、侧径平均 3.77 厘米，坚果重 15.92 克，缝合线窄而平，结合紧密，壳面光滑美观，壳厚 1.22 毫米。内褶壁退化，横隔膜膜质，可取整仁。出仁率 56.7%，仁饱满，淡黄白，风味香甜，品质上等。

生长和结果习性：树势强，树姿开张，树冠半圆形。雄先型，中熟品种。果枝率 12.6%，每果枝平均坐果 1.53 个。嫁接苗 3 年开始结果，8 年生树株产坚果 5 千克左右。该品种果型大而美观，生食、加工皆宜，丰产、稳产，抗逆性强，适宜在华北、西北丘陵山区发展。

15. 芹泉 1 号

来源及分布：从山西左权地区绵核桃的实生群体中选出的晚熟核桃品种。2007 年通过山西省科技厅组织的成果鉴定。

果实经济性状：坚果圆形，浅黄色，果顶平圆，果底平滑，表面光滑，缝合线窄而平，结合紧密。三径均值3.24厘米，单果质量10.3克。壳厚1.18毫米，易取仁，可取整仁，出仁率55.2%。种仁充实、饱满，黄白色，风味香甜。

生长和结果习性：树势较强，树形自然圆头形，盛果期树姿开张。在山西左权地区4月初萌芽，4月中旬雄花开放、散粉，花期6～8天；3～5天后雌花始开，花期7～10天。侧花芽果枝率28.9%。母枝平均抽生果枝1.8个，果枝率70%，果枝平均坐果1.7个，坐果率90%以上，连续结果能力强。6月下旬生理落果，落果数量少。授粉品种以中林系列、辽核系列为好。具有稳定的无融合生殖特性，平均无融合生殖率为17.6%，丰产、稳产。果实9月中旬成熟，发育期约125天，属晚实核桃。高接后第三年开始结果，第五年进入经济结果期，平均每平方米投影面积产仁量0.23千克。该品种抗旱耐瘠薄，适应性广，对核桃黑斑病、炭疽病有较强抗性。适宜在黄土高原的中、南部年均温9～13℃、降水量450毫米以上地区栽培。华北及与之土壤气候相近地区亦适宜栽培，宜选土层较厚的浅山丘陵区。高寒地区和春季风大地区幼苗栽植需防寒防风，以防抽条。在加强肥水管理同时及时耕翻除草。

16. 晋香

来源及分布：晋香核桃（曾用名晋6032）是1985年由山西省林业科学研究院从引进的新疆核桃的实生苗中选出，经过多点多年区域试验，商品性状佳，适宜矮化密植或乔化栽培。2007年12月通过山西省林木品种审定委员会审定。

果实经济性状：坚果中等大，圆形，平均单果重11.5克。壳面光滑美观，壳厚0.75毫米，壳薄而不露，缝合线较松，易取整仁，出仁率63.97%，浅色仁占96%，仁饱满，风味香，品质上等。

生长和结果习性：生长势较强，树姿较开张。主干灰白色，较光滑。雄先型，中熟品种。嫁接苗第二年开始结果，第五年进入结果初盛期，树势转中庸。盛果期果枝率85.5%，果枝坐果数1.4，平均每平方米产仁量0.18～0.20千克。山西晋中地区4月上旬萌芽，4月中下旬雄花盛期，5月上旬雌花盛期，9月上旬果实成熟，10月底落叶。果实发育期120天，营养生长期210天。该品种抗寒性强，抗病性较强。适宜在山西省晋中以南海拔1 200米以下土肥水等栽培条件较好，或年均温在8℃以上的其他生态类型相似的地区栽培。

2.3.2 国外优良品种

1. 培尼（Payne）

来源及分布：产地美国。目前在美国加利福尼亚州的栽培面积仅次于哈特利。属晚实核桃品种类型。

果实经济性状：坚果中等至小，平均单果重11.25克。缝合线紧密，出仁率48%，浅色核仁约占50%。

生长和结果习性：树体中等大小，树冠圆形，生长势强。丰产，侧生混合芽率达80%～90%。为了防止结果过多，幼树需中度或重度修剪，成年树也需适当重剪，以维持树体的生长势。早熟品种。在美国加利福尼亚州3月中下旬展叶，4月中下旬开花，雌雄花期吻合，故在单一品种栽植时也能获得较高的产量，9月初成熟。但易遭苹果蠹蛾和细菌性黑斑病的为害。宜中冠稀植栽培。

2. 维纳（Vina）

来源及分布：产地美国，美国主栽品种，1984年引入中国。属早实核桃品种类型。

果实经济性状：坚果圆锥形，果基平，果顶渐尖，坚果重11克。壳厚1.4毫米，光滑。缝合线略宽而平，结合紧密。易取仁，出仁率50%。

生长和结果习性：树体中等大小，树势强，树姿较直立。侧生混合芽率80%以上，早实型品种。雄先型，中熟品种。该品种适宜华北核桃栽培区的气候，抗寒性强于其他美国栽培品种。早期丰产性强。

3. 福兰克蒂（Franquette）

来源及分布：产地法国。在欧、美各核桃产区均有大量引种和栽培。属晚实核桃品种类型。

果实经济性状：坚果中等，平均单果重 11.09 克。缝合线紧密。出仁率 46%，核仁色极浅。

生长和结果习性：树体高大，直立性强，生长势中等至旺。一般只有顶芽能够结实，较丰产。晚熟品种，在美国加利福尼亚州 9 月下旬成熟。该品种最大的特点是春季萌芽及花期较晚，可免于晚霜的危害。宜大冠稀植栽培。

4. 契可（Chico）

来源及分布：产地美国，夏凯（Sharkey）×玛凯地（Marchetti）的杂交后代，是一个很好的早实型品种。

果实经济性状：坚果中等，平均单果重 10.64 克。缝合线紧密。出仁率 47%，70%为浅色核仁，核仁品质极优。

生长和结果习性：树体小，树冠圆形，直立。丰产性强，侧芽结实率达 90%～100%。在美国加利福尼亚州 3 月中下旬展叶，4 月下旬至 5 月上旬开花，雌先型品种。该品种树冠小、直立，适于密植（篱式）栽培。

5. 强特勒（Chandler）

来源及分布：原产美国，是彼特罗×UC 56－224 的杂交子代。为美国主栽早实核桃品种，1984 年引入我国。

果实经济性状：坚果大，三径平均 4.4 厘米，平均单果重 12.86 克。坚果心形，壳面光滑，缝合线紧密。易取整仁，壳厚 1.5 毫米。出仁率 49%，核仁充实，饱满，色乳黄，风味香，核仁品质极佳。

生长和结果习性：树势中庸，树姿较直立，小枝粗壮，节间中等。发芽晚，雄先型。中早熟品种。侧生混合芽率 80%～

90%。适宜在年平均温度11℃以上，生长期220天以上的地区种植。嫁接树2年开始结果，4～5年后形成雄花序，产量中等。

该品种适应性强，较耐高温。发芽晚，抗晚霜，黑斑病为害较轻。适宜在有灌溉条件的深厚土壤上种植。

6. 清香

来源及分布：由日本清水直江从日本长野的核桃的实生群体中选出，属晚实型品种。河北农业大学引入我国并推广。

果实经济性状：坚果大，平均坚果重14.3克；坚果椭圆形，果型大而美观，缝合线紧密。出仁率52%～53%，仁色浅黄，风味香甜，无涩味，核仁品质好。

生长和结果习性：树体中等大小，树姿半开张，幼树期生长较旺，结果后树势稳定。雄先型，晚熟品种。一般仅顶芽能够结实，结果枝60%以上，连续结果能力强，坐果率85%以上，发枝率1∶2.3，双果率高。丰产性强。嫁接后3年结果，5年丰产，每667米^{2}产坚果278千克。在河北保定地区4月上旬萌芽展叶，4月中旬雄花散粉，4月下旬雌花盛期。9月中旬成熟。10月下旬至11月初落叶。

该品种抗性强。抗冻，开花晚，避霜冻。对炭疽病、黑斑病抵抗能力较强。对土壤要求不严。适宜在华北、西北、东北南部及西南部分地区大面积发展。

7. 哈特利（Hartley）

来源及分布：产地美国，1915年John Hartley夫妇在NaPa谷地他们的私人核桃园内发现，是美国加利福尼亚州栽培最广的一个品种。属晚实核桃品种类型。

果实经济性状：坚果大，平均单果重13.56克。坚果基部宽而平，顶部尖，似心脏形。缝合线紧密。出仁率约为45%，90%为浅色核仁。哈特利是漂洗后带壳出售的主要品种。

生长和结果习性：树体中等至大，树姿半开张，在肥沃的土壤上长势很旺。侧芽结实率约10%。开始结果年龄较晚，但盛果期产量很高。属雄先型，9 月中旬成熟。

该品种在美国加利福尼亚州表现丰产，核仁浅色，不易遭受苹果蠹蛾和黑斑病的为害。易感树皮深层溃疡，在水分不调或土壤瘠薄时，深层溃疡是栽培哈特利的限制因素。只有栽植在土层深厚、肥沃、排水良好的土壤上，并能合理灌水时才能丰产。宜大冠稀植栽培。

3　核桃生物学特性及适宜的生态条件

3.1　树体形态特征

3.1.1　根系

核桃的根颈以下部分总称为根系，分为主根、侧根和须根（图 3-1）。主根发达，侧根水平伸展较远，须根多，根系强大。一般而言，早实核桃比晚实核桃根系发达，幼树表现尤为明显。据测定，一年生早实核桃比晚实核桃的根系总数多近 2 倍，总根长度多 1.8 倍。由此可见根系多是早实核桃的一个重要特性，发达的根系有利于对水分及无机盐的吸收，有利于体内营养物质的积累和花芽形成，实现早结果，早丰产。核桃根系还具有内生菌根，集中分布在 10～30 厘米土层中，菌根对核桃增产有着积极的作用。

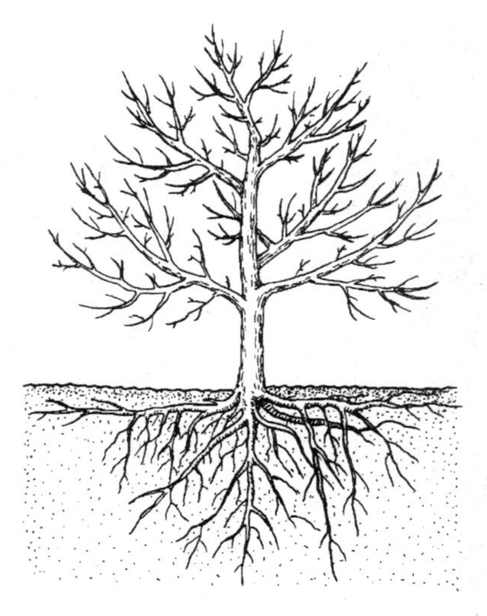

图 3-1　成年核桃树的根系

3.1.2　芽、枝、叶

1. 芽　核桃芽分为混合芽、雄花芽、叶芽、潜伏芽。

（1）混合芽 一个芽内既能生长出枝叶，又能生长出花果，称混合芽。芽体肥大，近圆形。萌发后抽生结果母枝，顶端生雌芽，一般为单芽，也有双芽；晚实核桃多着生在一年生枝的顶端1～3节，早实核桃的腋芽多为混合芽，先生长一段枝叶再开花结果。

（2）叶芽 叶芽呈三角形或圆形，单生或与雄花芽叠生，只萌生枝叶。

（3）雄花芽 呈短圆锥状，鳞片极小，不能被覆芽体，故称裸芽。萌发后只开雄花，形成柔荑花序，不生长枝叶。

（4）潜伏芽 又称休眠芽，呈扁圆形且瘦小。一般情况下不萌发，随枝条加粗生长埋伏于皮下，寿命可达百年以上，受到刺激容易萌发，核桃的更新复壮都由潜伏芽完成。

2. 枝条

（1）营养枝（又叫发育枝、叶枝） 按其长度分为短枝、中枝、长枝。中、长枝可分为两种，一是发育枝，由叶芽发育而成，是扩冠和形成结果枝的基础；二是徒长枝，由潜伏芽萌发而成，若一株树徒长枝过多，生产上应加以控制，衰老树多用徒长枝进行更新复壮。

（2）结果枝 由结果母枝上的混合芽抽生而成，分长结果枝（大于20厘米）、中结果枝（10～20厘米）、短结果枝（小于10厘米）。

（3）雄花枝 顶芽为叶芽，以下只着生雄花且多生长短小细弱，雄化序脱落后顶芽以下光秃，它多着生在老弱树或冠内膛郁闭处。雄花枝过多是树弱及劣种表现，在育种时应避免选育雄花多的品种。

3. 叶片 叶片为奇数羽状复叶，顶生小叶最大，其下对生小叶依次变小。不同种类、不同品种的复叶数量不一，如普通核桃为5～9片，核桃楸为7～17片。

3.1.3 花和果

1. 花 核桃树为雌雄同株异花，异花序，单性花。雄花序长6～12厘米，每花序有雄花100～180朵。雌花序为总状花序，有单生、簇生、序生、穗状着生方式，子房下位，二心皮，一心室。

2. 果实 核桃果实由子房发育而成（图3－2）。果实形状有椭圆形、圆形、卵圆形等。果皮绿色或黄绿色，光滑或有茸毛。此类果实成熟后果皮失水干裂而露出坚硬的种子，就是所谓的坚果。其大小因种类、品种及立地条件而异。出仁率一般在36%～65%，个别品种高达75%以上。

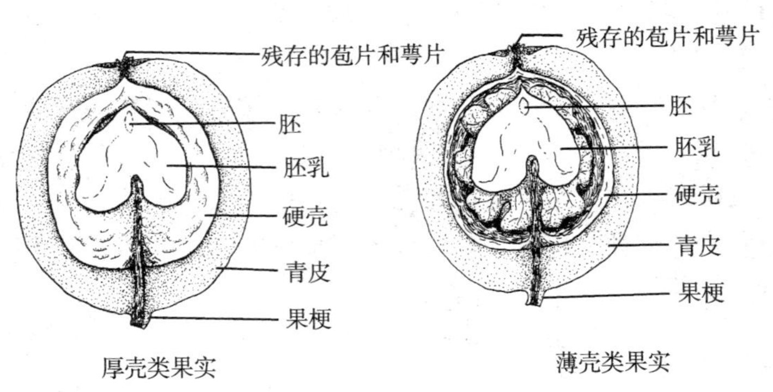

图3－2 核桃果实纵切简图

3.2 生长及结果习性

1. 根系 核桃根系发达，为深根性树种。1～2年生实生苗垂直根生长较快，地上部生长较慢，1年生主根长度可为干高的5倍以上，2年生约为干高的2倍，3年生以后侧根数量增多，扩展较快，地上部生长开始加速。

成年核桃树的根系是由几个直径较粗的水平与垂直伸展的骨干根组成骨架，其分布及形状与地上部分相似。主根有或无，从骨干根上逐级分出侧根，粗度也依次变细。一般情况下，根系的垂直分布深度小于树高，但根幅比冠幅大。

核桃根系的生长状况与立地条件，尤其是与土层厚薄、石砾含量、地下水位状况等有密切关系。据北京林业大学调查，在土壤比较坚实的石砾沙滩地，核桃根系多分布在客土植穴范围内，在这种条件下，10 年生核桃树多变成树高仅 2.5 米的“小老树”。河北农业大学的研究证明，不同土壤类型对核桃根系有明显影响（表 3-1）。早实核桃比晚实核桃根系发达，幼龄树表现尤为明显。1 年生早实核桃较晚实核桃根系总数多 1.9 倍，根系总长度多 1.8 倍，细根的差别更大，这是早实核桃的一个重要特性。发达的根系有利于对矿质营养和水分的吸收，有利于树体内营养物质的积累和花芽形成，从而实现早结实，早丰产。

表 3-1　不同土壤类型对核桃根系分布的影响

（河北农业大学）

土壤类型	树龄（年）	分布深度（厘米）	集中分布层（厘米）	树高（厘米）	新梢长度（厘米）
黄土	12	80	50～80	120	35.4
红土	12	50	10～40	280	17.9
红土下为石块	12	40	10～40	168	13.6

此外，已有研究证实，核桃树有菌根，它比正常吸收根短 8 倍，粗 1.3 倍，集中分布在 5～30 厘米土层中。土壤含水量为 40%～50%时，菌根发育最好。菌根对核桃树的生长发育具有促进作用。

2. 枝条　核桃的 1 年生枝可分为营养枝、结果枝和雄花枝三种。

（1）营养枝　只着生叶芽和叶片，不开花结果的枝条，也可称为生长枝，一般长度在 40 厘米以上。具体可分为发育枝和徒长枝两种。发育枝是由上年叶芽发育而成的健壮营养枝，顶芽为叶芽，萌发后只抽枝不结果，是扩大树冠增加营养面积和形成结果枝的基础。徒长枝多由树冠内膛的休眠芽（或潜伏芽）萌发而成。徒长枝角度小而直立，一般节间长，枝条长可达1～2米，不充实。如其数量过多，会大量消耗养分，使树形紊乱，因此要加以控制或促其形成结果枝组，老树则可用以更新复壮。

(2) 结果枝　着生混合芽的枝条称为结果母枝，混合芽多着生于结果母枝顶端及上部几节。春季萌发抽生结果枝。结果枝先生长一段带叶片的枝条，在结果枝顶端着生雌花结果。健壮的结果枝上可于当年再抽生短枝（果前枝），多数当年可以形成混合芽，早实型核桃还可以当年萌发，二次开花结果。结果枝按其长度和结果情况可分为长结果枝（大于20厘米）、中结果枝（10～20厘米）和短结果枝（小于10厘米）（图3-3）。长结果枝结果可靠，并能连续结果，中结果枝次之，短结果枝结果能力差。早实核桃二次开花呈穗状，有的都是雄花，有的后半段有多个雌花，前半段为一串雄花，雌花还可能是雌雄同花，能结一串小型果。

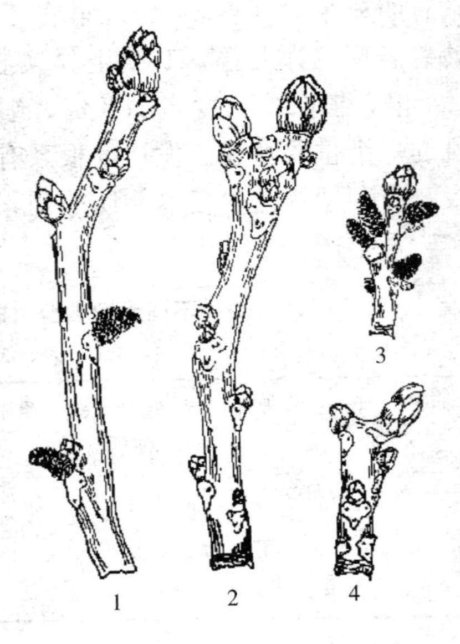

图3-3　结果枝类型

1. 长果枝　2. 中果枝　3. 雄花枝　4. 短果枝

(3) 雄花枝　为只着生雄花芽的细弱枝，仅顶芽为营养芽，不易形成混合芽，雄花序脱落后，顶芽以下光秃。雄花枝多着生在老弱树或树冠内膛郁闭处，雄花枝多是树弱或劣种的表现，消耗营养较多。

核桃枝条的生长受年龄、营养状况、着生部位及立地条件等的影响。一般幼树和壮枝一年中有两次生长，形成春梢和秋梢。春季在萌芽和展叶的同时抽生新枝，随着气温的升高，枝条的生长加快，于5月上旬（华北地区）达旺盛生长期，6月上旬第一次生长停止，短枝和弱枝一次生长后即形成顶芽。健壮发育枝和结果枝可出现第二次生长，而旺枝夏季不停止生长或生长缓慢，春秋梢交界处不明显。二次生长现象一般随年龄的增长而减弱。核桃枝条的萌芽力和成枝力常因品种（类型）而异，一般早实核桃40%以上的侧芽都能发出新梢，而晚实核桃只有20%左右。

3. 芽　根据其形态、构造和发育特点，核桃的芽可分为混合芽（雌花芽）、雄花芽、叶芽（营养芽）和潜伏芽（图3-4）。

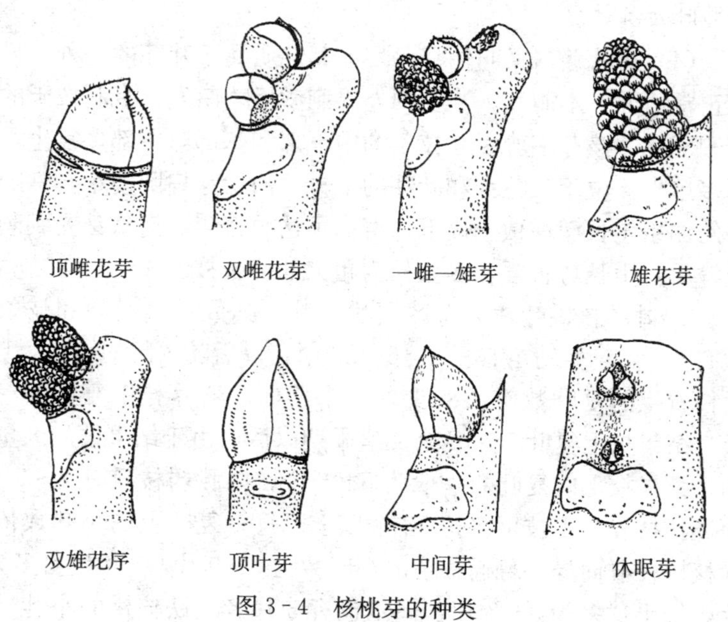

图3-4　核桃芽的种类

（1）混合芽　芽体肥大，近圆形，鳞片紧包，萌发后抽生结果枝。晚实核桃的混合芽着生在1年生枝顶部1～3节，单生或与叶芽、雄花芽上下呈复芽状态并排着生于叶腋间。早实核桃除顶芽为混合芽外，向下2～4个侧芽（最多可达20个以上）也均为混合芽。

（2）叶芽　萌发后只抽生枝和叶，主要着生在营养枝的顶端及叶腋间，或结果母枝的混合芽以下，单生或与雄花芽上下并排叠生。早实核桃叶芽较少。叶芽呈宽三角形，有棱，以春梢中上部叶芽较为饱满。

（3）雄花芽　为裸芽，萌发伸长后只能形成雄花序，没有枝和叶。多着生在1年生枝条的中部或中下部，单生或上下并排叠生。雄花芽呈圆锥状，似桑葚，鳞片极小，不能被覆芽体。雄花芽萌发后。雄花序由基部向前逐渐开放，花序逐渐伸长，可达6～12厘米，可着生100～180个雄花。雄花序脱落后呈光秃状，无枝叶及芽体。

（4）潜伏芽（又叫休眠芽）　其性质属于叶芽的一种，只是在正常情况下不萌发，当受到外界刺激后才萌发，有利枝干的更新和复壮。该芽多着生在枝条的中下部和基部，中部多复生，基部多单生，位于雄花芽和叶芽的下方。潜伏芽扁圆瘦小，常随枝条的加粗生长而埋伏于皮下，寿命可达数百年。潜伏芽受到刺激萌发后，生长势很强，多生长为粗大的徒长枝。

4. 叶　核桃叶片为奇数羽状复叶，其数量与树龄和枝条类型有关。1年生幼苗有复叶16～22个，以后随树龄的增加，1年生枝着生的复叶数有所减少，初果期前，营养枝上复叶8～15个，结果枝上复叶5～12个。盛果期以后，由于结果枝的大量增加，结果枝上的复叶数一般为5～6个，内膛弱枝只有2～3个，而徒长枝和背下枝可多达18个以上。每一复叶上的小叶数依不同核桃种群而异，普通核桃的小叶数为5～9片，1年生苗多为9片，结果树多为5～7片，偶尔也有3片者。铁核桃的小叶数为

9～11 片。复叶上的小叶由顶部向基部逐渐变小，在结果盛期树上尤为明显。

复叶多少对枝条和果实的发育影响很大。一般着双果的结果枝需复叶 5～6 个，才能维持枝条和果实的正常生长发育。低于 4 个的，尤其是只有 1～2 个复叶的果枝难以形成混合芽，且果实发育不良。

张志华等（1993）对核桃叶片光合特性的研究表明，核桃叶片光合的最适温度为 27℃，最适光照强度为 60 千勒克斯，属喜光树种。一年中光合强度的最高峰出现在 5 月中旬。不同品种间光合强度有明显差异，但早实核桃与晚实核桃之间无明显差异，早实核桃的分枝力强，尤其是结果枝发生果实枝的能力较强，从而提高了树体全年的光合能力和水平，是早实核桃丰产的重要原因之一。

3.3 生长发育的生态条件

我国核桃分布甚广，从北纬 21°29′（云南勐腊）至 44°54′（新疆博乐）；东经 77°15′（新疆塔什库尔干）至 124°21′（辽宁丹东）都有栽培。在如此广阔的地域内，气候（表 3-2）、海拔等差异悬殊，年均温从 2℃（西藏拉孜）至 22.1℃（广西百色），绝对最低温从 −5.4℃（四川绵阳）至−28.9℃（内蒙古宁城），绝对最高温从 27.5℃（西藏日喀则）至 47.5℃（新疆吐鲁番），年降水量从 12.6 毫米（新疆吐鲁番）至 1 518.8 毫米（湖北恩施），无霜期从 90 天（西藏拉孜）至 300 天（江苏中部），垂直分布从海平面以下约 30 米的新疆吐鲁番盆地（布拉克村）到海拔 4 200 米（西藏拉孜），核桃均可生长，反映出核桃属植物对自然条件有很强的适应能力。然而，核桃生长对适生条件却有比较严格的要求，并因此形成若干核桃主要产区。超越其适生条件时，虽能生存，但往往生长不良、产量低或绝产以及坚果品质差等失去栽培意义。

表 3-2　主要核桃产区气候条件

（陕西果树研究所）

产区	核桃种类	年均气温（℃）	绝对最低气温（℃）	绝对最高气温（℃）	年降水量（毫米）	年日照（小时）
新疆库车	核桃	8.8	−27.4	41.9	68.4	2 999.8
陕西咸阳	核桃	11.1	−18.0	37.1	799.4	2 052.0
山西汾阳	核桃	10.6	−26.2	38.4	503.0	2 721.7
河北昌黎	核桃	11.4	−24.6	40.0	650.4	2 905.3
辽宁大连	核桃	10.3	−19.9	36.1	595.8	2 774.4
云南漾濞	铁核桃	16.0	−2.8	33.8	1 125.8	2 212.0

3.3.1　光照

核桃喜光。进入结果期后更需要充足的光照条件，全年日照时数要在 2 000 小时以上，才能保证核桃的正常生长发育，如低于 1 000 小时，核壳、核仁均发育不良。尤其在年生长期内，日照时数与强度对核桃生长、花芽分化与开花结果有重要的影响。新疆早实型核桃产区阿克苏、库车的年日照量都在 2 700 小时以上，生长期（4～9 月）的日照时数在 1 500 小时以上，这里的核桃产量高、品质好，光量充足是重要因素之一。同样，凡核桃园边缘的植株均表现生长好，结果多；同一植株也是外围枝条比内膛枝结果多，亦与光照条件有关。为此，在栽培中，从园地选择、栽植密度、栽培方式及整形修剪等方面，均必须考虑光照问题。

3.3.2　温度

核桃属于喜温树种，天然产地大都是较温暖的地带，但不同品种适宜温度各异。

1. 普通核桃　适宜生长的温度范围及无霜期是，年平均温度 9～16℃，极端最低温度−25℃，极端最高温度 38℃以下，无霜期150天以上。在休眠期，核桃幼树在−20℃条件下可出现冻害，成年树虽能耐−30℃低温，但低于−28～−26℃时，枝条、雄花芽及叶芽均易受冻害。在新疆的伊宁和乌鲁木齐，极端最低气温达到−37～−34℃时，核桃不能结果，多呈小乔木或丛状生长。展叶后，如温度降到−4～−2℃，新梢可被冻坏。花期和幼果期，气温下降到−2～−1℃时则受冻减产。在温度过高的地区，如超过38～40℃时，果实易受日灼伤害，核仁不能发育。

2. 铁核桃 只适应于亚热带气候条件，耐湿热，不耐干冷。适栽地区年平均气温12.7～16.9℃，最冷月平均气温4～10℃，极端最低温度−5.8℃，过低难以越冬。例如，引种到北京地区，播种苗到3～4年生时，如不防寒，冬季可连根冻死。

对云南漾濞核桃（铁核桃的栽培种）的研究表明，5月份平均气温与泡核桃产量之间呈显著负相关，即在5月份平均气温高的年份核桃会减产；8月份的平均气温也与核桃产量之间有负相关关系，因为在高气温条件下核桃果实易被灼伤成病果而脱落。

3.3.3 水分

不同的核桃种和品种对降水量的适应能力有很大差异。漾濞核桃分布区的年降水量为800～1 200毫米，而将早实型核桃引种到降水量600毫米以上的地区易患病。核桃耐干燥的空气，而对土壤水分状况却比较敏感，土壤过旱或过湿，均不利于核桃的生长和结实。例如，在新疆库车、和田等主要核桃产区，年降水量仅37.5～82.8毫米，4～9月平均相对湿度只有31%～40%，虽然很干燥，但因有较好的灌溉条件，核桃生长良好。长期晴朗、干燥的气候，充足的光照和较大的昼夜温差，有利促进开花结实和提高果实品质。新疆核桃早实、丰产正是长期在这样的条件下形成的。土壤干旱有碍根系吸收，影响代谢机能，造成落花落果以至叶片凋萎。核桃幼树如生长季节前期干旱，后期多雨，枝条易徒长，造成越冬抽条。土壤水分过多、通气不良，根系呼吸作用受阻，严重时可窒息根系，影响树体生长发育。因此，山地核桃园需采取水土保持工程措施，而在平地则要解决排水问题。核桃园的地下水位应在地表 2 米以下。研究证明，地下水位高低影响核桃根系分布深度。

河北农业大学的研究证明，气候条件对核桃的生长发育、开花结果有重要影响。尤其前一年 7 月和 10 月的平均温度、日照、雨量以及当年 3～4 月的气候状况，对核桃的花芽分化、开花、授粉、坐果量和果实发育起重要作用，对产量有明显影响。前一年 7 月雨量较多，日照充足，10 月平均气温较高，翌年核桃增产明显，表现为正相关，可借以预测产量。

3.3.4 土壤

土壤是植物水分及矿物质的主要供应场所，核桃通过其庞大的根系，从土壤中吸收水分及有机、无机养分，土壤条件的好坏直接影响核桃的生长和结实。

1. 土层厚度 核桃为深根性的树种，要求比较厚的土层，不能少于 1 米。若在土层过薄生长的核桃，其主根及侧根难以深扎和发展，这样就影响了根系的发育，容易形成小老树，也容易“焦梢”且不能正常结果。

2. 土壤酸碱度 核桃可以在微酸性到微碱性土壤中生长，但以中性到微碱性土壤，即 pH 在 6.5～7.5 为宜。土壤含盐量宜在 0.25%以下，稍微超过此限即对生长结实有影响。含盐量过高则导致死亡。尤其氯酸盐比硫酸盐危害更大。

3. 土壤结构及土壤肥力 核桃对土壤的要求是结构疏松、保水性强和透气性良好。核桃比较适宜的土壤为沙壤土和中壤土，若土壤黏重板结过于或瘠薄的沙地上对生长结果不利。核桃喜钙，宜在富钙土壤中栽培或在施肥中增施钙肥。

核桃喜肥。据分析，每收获 100 千克核桃要从土壤中吸收

2.7 千克纯氮。在丰产的果园里每年每 100 米^2 要吸收氮 90.7 克。氮肥可以增加出仁率，磷、钾，除增加产量外，还能改善核仁的品质。但应根据土壤和树体的具体生长结实情况，确定适宜的施肥量，氮肥稍有过量，就会延长生长期、推迟果实成熟，不利安全越冬。增加土壤有机质有利于核桃的生长和发育。

4. 地势 核桃对地势的要求不太严格，但以坡面平缓、土层深厚、背风向阳等立地条件较为适宜，而阴坡、坡陡及迎风面均不利于核桃的生长发育。核桃宜种植在 10°以下的缓坡地带。

3.4 核桃树的生长期

依据核桃一生中树体生长发育特征呈现的显著变化，果树生长期大致可分为：幼龄期、初果期、盛果期和衰老期。生产上可根据各个生长发育时期的特点，采取相应的栽培管理技术措施，调节其生长发育状况，达到生产的要求。

3.4.1 幼龄期

从苗木定植到第一次开花结果之前，称为幼龄期。这一时期的长短，因核桃品种或类型的不同差异甚大。一般早实核桃只有 1～3 年，晚实型实生核桃约7～10 年，铁核桃实生树约 10～15 年，后两者的嫁接苗也需 5～8 年。

基本特征：树体离心生长旺盛，枝姿直立，一年中有 2～3 次生长，有时因停止生长较晚，越冬时易抽条。早实核桃幼龄期树高为 0.5～1.0 米，生长旺盛的发育枝只有 1～2 个，但中、短枝形成较早。晚实核桃幼龄期树高为 3.0 米左右，新梢可达 100 条以上，其中短枝比例较少。晚实核桃嫁接苗比实生苗树冠较小，分枝较多。

管理要点：在栽培管理上既要从整体上加强其营养生长，注意整形使其尽快形成牢固而均衡的骨架，扩大树冠；又要对非骨干枝条加以控制或缓放，促使提早开花结实。

3.4.2 初果期

核桃从第一次开花结果到大量结果以前，称为初果期。

基本特征：树体生长旺盛，枝条大量增加，随着结实量的增多，分枝角度逐渐开张，直至离心生长渐缓，树体基本稳定。早实核桃2～4年，晚实核桃约在7～20年，铁核桃约为12～24年，或更晚一些。晚实核桃母枝平均分枝2个，早实核桃母枝平均分枝1～3个。结果量每年递增0.5～2.0倍。此时晚实核桃的树冠直径可达5～6米，早实核桃仅为3～4米。早实核桃品种株产5～8千克，晚实核桃品种产量5～10千克。早实核桃在这一阶段抽生二次枝的能力较强，特别是开始结果的2～3年内表现最为显著。王汉涛等调查表明，晚实型核桃树15年内冠幅增长快，属于营养生长的旺盛期；方文亮等调查表明，铁核桃在结果量逐年增长的同时，营养生长仍很旺盛，离心生长增强。刘万生等观察表明，早实核桃6年生以前的分枝数量大体按倍数增加，以后增长幅度逐渐减少，但结果枝绝对数量显著增加。

管理要点：此期栽培的主要任务在于加强综合管理，促进树体成形和增加果实产量。

3.4.3 盛果期

盛果期是指从核桃进入结果盛期到开始衰老之前。这一时期延续时间的长短，同立地条件和栽培管理水平关系极大。通常情况下为50～100年，晚实核桃较长，早实核桃较短。河南省林业科学研究院王汉涛、罗秀钧对安阳、洛阳、郑州、新乡、三门峡卢氏等地630株核桃树的调查表明，核桃树16年生开始产量速增，40～90年生达结果高峰期，60年生以后进入高产、稳产期。

基本特征：该时期的树体主要特征是树冠和根系伸展都达最大限度，并开始呈现内膛枝干枯，结果部位外移和明显的局部交替结果等现象。早实核桃 8～12 年生，晚实核桃 15～20 年生，铁核桃（栽培型）约 25 年生时开始进入盛果期。该时期的营养生长和生殖生长较稳定。核桃结果枝盛果期着生雌花多少、产量高低因品种而异。结果盛期核桃的结果范围多集中在树冠外围，据对 60 年生大树的调查，树冠外围果约占 70%，中部约占 26%，内膛约占 4%。

管理要点：这一时期是核桃树一生中产生最大经济效益的时期。核桃经营者应重视此期的科学管理，延长结果盛期，以获得较高的经济收益。栽培的主要任务是加强综合管理，保持树体健壮，防止结果部位过分外移，及时培养与更新结果枝组，乃至更新部分衰弱的次级骨干枝，以维持高而稳的产量，延长盛果期年限。

3.4.4　衰老期

这一阶段是从植株开始进入衰老到全部死亡为止。本期开始的早晚与立地和栽培条件有关，晚实核桃和铁核桃约从 80～100 年左右开始，早实核桃进入衰老更新期较早。

基本特征：果实产量明显下降，骨干枝开始枯死，后部发生更新枝，表示进入衰老更新期。初期表现为主枝末端和侧枝开始枯死，树冠体积缩小，内膛发生较多的徒长枝，出现向心生长，产量递减；后期则骨干枝发生大量更新枝，经过多次更新后，树势显著衰弱，产量也急剧下降，乃至失去经济栽培意义。

管理要点：这一年龄时期栽培管理的主要任务是在加强土肥水管理和树体保护的基础上，有计划地进行骨干枝更新，形成新的树冠，恢复树势，以保持一定的产量并延长其经济寿命。核桃树衰老更新期开始的早晚与持续期的长短因品种、立地条件和管理水平不同而相差甚多。

上述分 4 个阶段简述了核桃一生的生长发育特点，各个阶段之间是有机联系在一起的，是发展变化的。为了获得高而稳定的产量，必须根据核桃个体发育的特点，采用合理的栽培技术措施，以促使结果盛期的提前到来和推迟结束。

4 培育壮苗

核桃集约化栽培要求培育高质量的苗木来定植，选择好的苗木可以事半功倍。良种壮苗是优质、高产的基础，采用嫁接方法繁殖的核桃苗木可提早结果，早实核桃在第二年即可结果，晚实核桃3～5年可结果，而以往实生播种繁殖的晚实类型核桃需要8～10年才开始结果。选择优良品种进行嫁接繁殖，核桃坚果品质优良，形状一致，而实生树生产的坚果品质良莠不齐，品质较差，出仁率低。目前核桃嫁接苗已在生产上占主导地位，对于准备大面积栽培核桃的地区来说可以考虑自行育苗或实行订单育苗，保证苗木质量。

4.1 砧穗的选择

4.1.1 砧木类型的选择

目前国内核桃良种化进程较快，绝大多数地区都已经实现了用嫁接方法来繁育苗木，常用的砧木类型有普通核桃、铁核桃、野核桃、核桃楸、枫杨等5种。

1. 普通核桃 我国北方地区生产的核桃，几乎全是普通核桃，用普通核桃作砧木嫁接优种核桃（泡核桃除外），习惯称之为“共砧”或“本砧”。在我国北方核桃产区应用普遍，一般是用品质较差的夹核桃或绵核桃等品种，不用早实类型的薄壳核桃。本砧亲和力强，接口易愈合，嫁接成活率最高，苗木生长旺盛，生长结果良好，不会出现早衰现象。同时，普通核桃作砧木还有抗黑线病的能力。

2. 铁核桃 云南、贵州两省常用，应用历史较长，与泡核桃是同一个种的两个类型，坚果壳厚而硬，出仁率低（20%～30%），一般不作为果品。嫁接泡核桃的成活率高，是泡核桃、娘青核桃、三台核桃、大白壳核桃、细香核桃等优良品种的砧木，耐湿热气候。但不耐严寒，北方地区不宜使用。

3. 野核桃 主要分布于江苏、湖北、陕西、四川、甘肃等省，嫁接亲和力较好，适于南方多雨多高湿的气候条件。

4. 核桃楸 耐寒、耐旱、耐瘠薄，是核桃属中最耐寒的一个种，可作为普通核桃的抗寒砧木，扩大栽培范围，适宜于东北、华北、西北地区。亲和性不如普通核桃，嫁接成活率和保存率都不如核桃本砧高。

4.1.2 播种育苗

1. 苗圃地的选择 一般在选择苗圃地时需要考虑土层深厚，土壤有机质含量高，地下水位低，盐碱含量低，背风向阳的地块，以沙壤土或轻黏土为宜。苗圃地要有灌溉条件，旱能灌，涝能排。同时注意前茬不能是核桃树或核桃苗圃，需要种植其他作物 5～8 年以后才可以重新用作核桃育苗。

苗圃地在秋季深耕 20～25 厘米，深翻前施入以有机肥为主的基肥，亩施农家肥 4 000～5 000 千克，混入过磷酸钙 50 千克。深耕后不需要耙平，以便利用冬季的阳光和雨雪进行“冻垡”，促进土壤熟化。春季播种前再浅耕一次，耙平，做畦，准备播种。

2. 采种 首先先选择采种母树，要求生长健壮、没有病虫害、种仁饱满、果个均匀、连年产量稳定的壮年树，衰老树的种子不宜作砧木种子。

作为种子用的核桃要适当晚采，使种仁充实。一般在白露以后，超过成熟期 5～7 天为好。这时采收的核桃种仁饱满，发育充实，青皮容易脱掉。采收过早的核桃胚发育不完全，种仁不充实，发芽率低，苗木长势弱。采种的方法有捡拾法和打落法两种。前者是在果实成熟期等果实自然掉落，3～5 天捡拾 1 次，这种方法获得的果实质量最好。后者是当树上有 1/3 的核桃果实青皮开裂时人工打落，一次性采收。果实采收后要及时去掉青皮，对青皮不容易去除的果实可用堆沤法，在阴凉的地方堆沤 3～5 天后再脱去青皮，注意防止堆沤过程中发热太高烧坏种子，避免使用塑料布遮盖或堆沤的厚度太大，一般堆高 50 厘米左右为宜。

播种用的核桃不能放在水泥地面、石板或铁板上曝晒，以免因受高温危害而降低种子生活力，最好的方法是阴干，在通风、遮阴的土质地面上进行晾晒或者风干。要特别注意，作种子用的核桃不能漂白，漂白后的核桃萌芽率大大降低。

以前为了节约育苗成本，常常提倡选择个头较小的核桃作种子。生产实践证明，大粒的种子播种育苗效果更好。虽然单位面积用种量增加，但出苗率高，苗木生长旺盛，第二年达到嫁接粗度的比例大大提高，从而降低了生产成本。个头小的核桃将来苗木生长势较弱，需要加大肥水管理。

在大多数情况下，作种子的核桃都是在市场上购买的，在选购时要多敲开一些进行观察，看种仁是否饱满，要求种仁断面颜色是乳白色。千万注意不能用隔年的陈核桃来播种，过夏的陈核桃容易出油变质，发芽率大大降低。一般也不用露仁的核桃做种子，露仁的核桃种仁在贮藏过程中容易受虫驻或发霉，使发芽率降低。新鲜核桃种仁为乳白色、色泽鲜艳，陈核桃种仁发黄，呈油浸状。

3. 种子贮藏　秋季核桃采收后直接播种（秋播）的，种子可不处理。春播的种子需进行贮藏和播前处理。种子贮藏方法一般分沙藏和干藏两种。

（1）干藏　核桃没有后熟阶段，种子可不经后熟就能正常萌发。一般是将晾干的核桃装入麻袋中，放在通风、背阴、干燥的房间或地下室即可，贮藏期间要定期检查防止鼠害。有条件的地方可放在0℃的气调库或冷库中，少量的种子也可保存在冰箱的冷藏室。

（2）沙藏　也称湿藏、层积处理。选择地势高，不积水，背阴避风处，于上冻前挖1米深、宽1米的沟，长度随需要贮藏的核桃总量而定。选择干净的河沙用0.1%高锰酸钾或50%多菌灵可湿性粉剂600～800倍液处理后，加水调和含水量达60%左右，经验是“手握成团，一触即散”，若沟内土较干，沙子的含水量也可适当高一些或在沟内洒水调节。贮藏核桃时先在沟底铺湿沙5厘米，然后铺一层核桃，撒一层湿沙，直至离地面10厘米处，再在上面铺10厘米左右的湿沙。然后用土在上面培成屋脊形，以便排水，培土厚度要大于当地的冻土层厚度，一般最少20厘米。当沟较长时，需要在沟内间隔1～2米竖一把直径20厘米粗的玉米秆束作通气孔（图4-1），然后在四周要筑排水沟，防止积水。对于少量沙藏的核桃种子，也可放在一个合适的花盆内，沙子体积为核桃的5～7倍，埋在背阴处即可。早春回暖后要注意检查坑内种子，防止霉烂，发现有发霉迹象要及早挖出，清洗，再将种子保存到阴凉的家中，尽快播种。

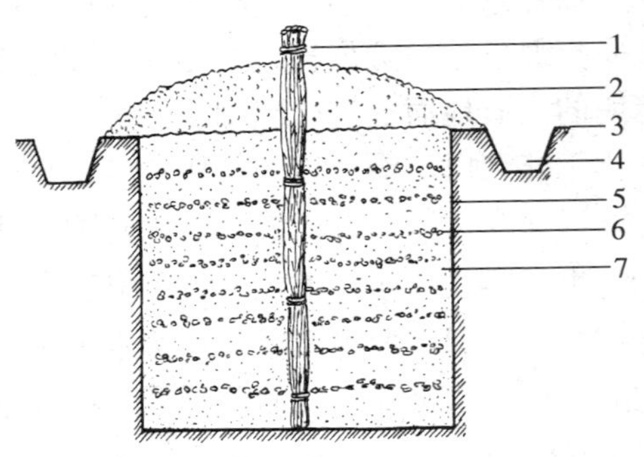

图4-1　核桃种子沙藏示意图

1. 草把　2. 土垄　3. 地平线　4. 排水沟　5. 种子坑　6. 种子　7. 河沙

4. 种子播前处理　干藏的种子在播种前必须用适当的措施进行处理才有利发芽，缩短萌芽期。沙藏后的种子可直接播种，但以催芽后再播种效果较好。

（1）冷水浸种　春季播种前，用冷水将干藏的种子浸泡7～

10天，每天换一次水，使其充分吸水，然后将浸泡过的种子在太阳下曝晒，使核桃的缝合线裂开，即可播种。有河流的地方可将核桃放在流水中，效果更好。对于不裂开的可拣出重复浸泡、曝晒，直至裂开后再播种。经过2～3次处理后仍不开口的种子播种后发芽率低，出苗迟，长势弱。

（2）石灰水浸种 山西省汾阳市南偏城的经验，用1.5千克生石灰加10千克水化开，倒入10千克核桃，用石头压住核桃，再加入冷水，不换水浸泡7～8天，然后捞出埋入湿沙中盖塑料膜保温催芽，几天后缝合线裂开即可播种。

（3）温水浸种 将种子放在80℃的温水（“四开一凉”）中，用木棍搅拌水温下降至室温后继续浸泡，处理时间为7～10天，每天换水一次，待种子裂开口后即可播种。

（4）热水浸种 对于急需播种的种子，可用种子重量1.5～2倍的沸水浸种2～3分钟，不用搅拌，浸种后可随即播种。此法是救急的办法，一般不提倡使用。

根据核桃种子的特性，干藏的种子经过播前处理发芽率很高，且干藏成本低，操作简单，建议生产上最好是低温干藏，春季浸种、曝晒使种子裂开后播种，省时省工，也可防止种子在沙藏过程中的霉烂现象。

常用的催芽方法有：将核桃种子混以4倍体积的湿沙（含水量60%），搅拌均匀，在向阳地面摊成20厘米厚，上盖塑料布，白天让太阳晒，晚上盖草帘保温，每天上午、下午各翻动一次，待胚芽稍伸出即可播种。

5. 播种时期 一般分为秋播和春播，北方地区以春播较为常见。

（1）秋播 果实采收后可尽快播种，一般在上冻之前完成。在冬季较短，不十分严寒的地区多用秋播，出苗率高，第二年出苗早，生长期长，苗木健壮。在生长期较长的河南、山东等地可考虑秋季播种，核桃采收后立即带青皮播种，春季加覆地膜或搭小拱棚，促进提早萌发，高肥水管理，加快砧木苗生长，6 月初部分达到嫁接粗度，一年成苗，可缩短苗木繁育期，降低生产成本。

（2）春播　一般北方地区都用春播，时间在土壤解冻后及早进行。晋中地区一般为 4 月上中旬。此时播种多比较干旱少雨，需要有灌水条件，同时最好覆盖地膜，以利保水和提高地温。春播的核桃砧木苗一般需要到第二年才能嫁接，也有在当年 8 月份进行嫁接，第二年剪砧成苗的成功经验。

6. 播种方法

（1）整地　为方便嫁接操作，培育砧木苗时常用宽窄行法，宽行 60 厘米，窄行 40 厘米，株距 15～20 厘米。只培育实生苗而不进行嫁接的可适当密些，株行距 20 厘米×40 厘米。

（2）灌水　播种前要浇一次透水，或趁雨播种。干旱缺水地区一般先开沟，沟内灌水，待水渗下后再播种。

（3）点播　核桃种子大，一般用点播的方法。要求种子缝合线与地面垂直，且种尖（胚根、胚芽从此萌发）与地面平行（图 4-2），这样有利苗木出土，生长健壮。其他的摆放方法幼苗出土晚，根颈弯曲生长，生长势弱。

在一次性播种量大的情况下，也可以采用播种马铃薯的机械进行，在种子质量高时发芽几乎没有影响。

（4）覆土厚度　一般来说播种的覆土厚度是种子直径的 3～5 倍，大粒种子取 3 倍，小粒种子取 5 倍。普通核桃直径为 3～4 厘米，覆土厚度在 8～12 厘米为宜。干旱地区可适当厚些有利保墒，用地膜覆盖的可适当浅些，盖土 5～7 厘米有利出苗。

（5）覆地膜　播种后一般要覆盖地膜，有利保水保墒，提高地温，促进种子萌发和生长。苗木出土后要及时用小刀划口放风。也可采用先覆盖地膜，后打孔点播的方法，一般可用废手电筒或杏仁露饮料的空罐截开后打孔。地膜也可用稻草代替，但保墒效果较差，地温低，发芽晚。

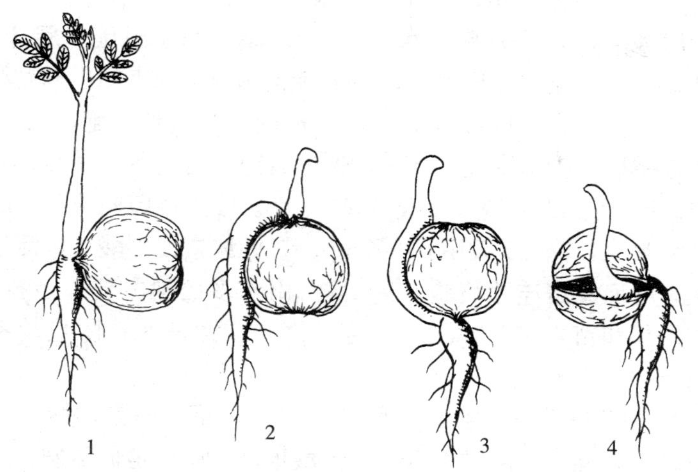

图 4-2 核桃种子放置方式对出苗的影响

1. 正确 2、3、4. 不正确

7. 播种量 一般核桃亩育苗量 6 700 株左右，最多不超过 8 000 株。每亩需大粒种子（60 粒/千克）120 千克，或中小粒种子（100 粒/千克）70 千克。播种前依据确定好的株行距、种子大小等测算需要的播种量，在准备种子时可多准备 5%～10%，以便剔除霉烂、空壳的种子，或出苗后发现缺株严重时补种。

4.1.3 幼苗管理

核桃春播后 20 天左右开始出苗，40 天左右出齐，此期间每天检查出苗情况，幼苗出土后及时用小刀将地膜划开，防止烫伤幼苗，同时将划开的地膜用湿土埋严，加强苗期管理是培育壮苗的关键。

1. 补苗（补种） 当苗木出土后发现缺苗严重的需要及时补种，也可以将生长较密小苗移栽过来，保证成苗数量。大面积育苗时还要在另外的地块播种一些作为补植用苗。

2. 施肥浇水 苗木出土前一般不进行浇水。待苗木出齐后要及时灌水，5、6 月要灌水 2～3 次，结合灌水追施化肥 2 次，以速效氮肥为主，如尿素、碳铵、硫酸铵等，前期 10 千克/亩，中期 20 千克/亩，碳铵、硫胺含氮量低，要适当多施。7、8 月进入雨季后可少浇水或不浇水，追施磷钾肥促进苗木充实，可每亩追磷酸二铵 20 千克＋氯化钾 20 千克。除土壤施肥外，还应进行叶面喷肥，7～10 天用 0.3%～0.5%的尿素或磷酸二氢钾喷布一次，叶面肥需连续喷施 3～5 次。雨水多的地方要注意排水，以防烂根和苗木徒长，土壤上冻前浇一次封冻水，防止越冬时抽条。

3. 中耕除草 一般浇水后进行中耕除草，一方面减少杂草与苗木争夺养分，同时可以防止土壤板结，减少地面蒸发，为苗木的生长提供一个良好的环境。

4. 断根 核桃主根发达，不进行断根处理，侧根生长很弱，建园定植时不利成活和缓苗。因此，一般在夏末秋初要进行断根处理，促进侧根的发育。操作方法是在行间距离苗木 20 厘米处用断根铲呈 45°角对着苗木斜插入土中，切断主根（图 4－3）。断根后浇一次水，同时施肥，促进新根的发育。断根后的苗木侧根发达，苗木移栽成活率高。

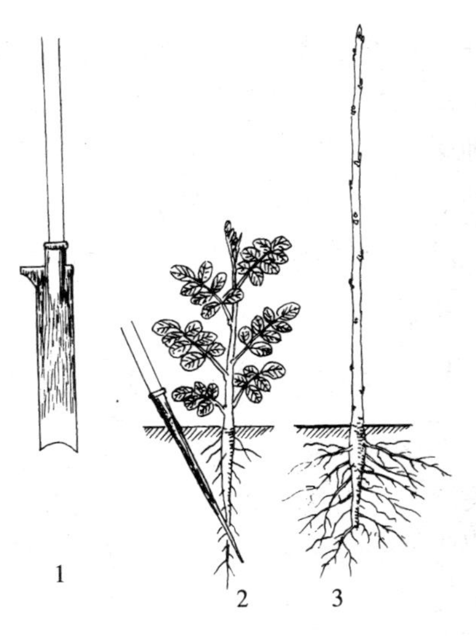

图 4－3 砧木断根

1. 断根铲 2. 断根 3. 断根苗根系

5. 冬季埋土防寒 冬季低温容易使核桃幼苗冻死，以前常将幼苗起出防寒。现在可在入冬落叶后平茬，然后覆盖

10～20 厘米的土，效果很好。冬季不太冷的地区可仅在根颈处埋土防寒。

6. 病虫害防治 核桃苗木病虫害防治方法可参考大树的防治方法，以预防为主，发现病虫害要及早喷药控制。

4.2 常规育苗技术

4.2.1 接穗准备

1. 接穗的来源 选择优良品种作为采穗母树，建立采穗圃。从采穗圃剪取接穗可保证品种纯正。采穗母树应品种纯正、生长健壮，无病虫害。接穗采集后要做好标记，防止混杂，因为核桃品种从枝条和树体上区分比较困难，一旦混杂后对以后的生产会带来很大的麻烦。有时候也从生产园剪接穗，同样也要注意品种纯度的问题，同时采穗量要少一些，以免使树体衰弱或减产较多。剪取接穗最好从已经挂果的树上剪取，便于区分品种。而现在生产上由于苗木需求量大，在幼树上剪取接穗的现象比较普遍，这往往给品种混杂带来隐患，同时也不利于幼树的生长。

专业的采穗圃要求品种来源清楚，最好是已经结果，没有大的病虫害。根据需要，采穗圃母树一年可采 3 次接穗。春季萌芽前采枝接用的接穗，可将一年生枝全部留 3～5 芽重短截，促发新枝。剪取接穗后要注意在剪口及时涂抹油漆，对母株进行保护，防止伤流过多使树体衰弱。5 月底 6 月中旬采第二次，采穗量为当年生新梢的 60%，余下的枝条要留到第二年春天枝接时采。7 月下旬采第三次，是在第二次采后萌发的新梢中采穗。采穗圃要加强肥水管理，促进枝条的生长和充实，提高接穗质量。

2. 枝接接穗的采集 接穗要选择长 1 米左右，粗 1～1.5 厘米的一年生枝，要求发育充实，髓心较小，基部留 3～5 个芽剪下，然后按粗细、长短分级，50 条一捆进行包扎，悬挂品种标签，做好登记工作，冬季采穗的要放在地窖内，用湿沙掩埋，要求接穗散开放置，使湿沙与接穗充分接触。春季采穗的及早进行嫁接。

3. 芽接接穗的采集 5月底到6月中旬选择当年生木质化的发育枝，芽体成熟度要高，肥大饱满。随采随用。接穗剪下后马上去掉叶片，留2厘米左右的叶柄，不能太短，否则伤口太大。剪好的接穗打捆（每捆20条或30条），用湿布包裹，标明品种，尽快嫁接。

4. 接穗贮运 枝接的接穗可在早春或晚秋运输，此时气温较低但又不会冻坏接穗，运输时要注意保湿。贮藏接穗时可埋在地窖湿沙中，效果较好。方法参照种子的层积处理，要注意每根接穗都要和湿沙接触，所以贮藏的接穗捆不能太大，最好散开掩埋，与湿沙充分接触。

芽接的接穗最好在本地随采随用，避免长距离运输。运输时要用塑料膜包好，里面放些湿锯末，不能密闭，要适当通气。短期贮藏可吊在水井中，距水面10厘米，亦可放在冷库中，保持0℃以上，勿使受冻。芽接的接穗会随贮存时间的延长而使嫁接成活率降低，一般贮存期不要超过5天。田间嫁接时要用湿布将接穗包好放在阴凉的地方，避免阳光曝晒。

5. 接穗处理 枝接用的接穗一般要进行蜡封，能防止水分散失，提高嫁接成活率。在嫁接前3～5天，取出冬季储藏的接穗，剪截成15～20厘米长，有3～4个饱满的芽，剪口距第一个芽1～2厘米的枝段。第一芽将来长成的枝条最好，所以要特别注意第一芽的质量。蜡封的方法是，将市售的石蜡（加入少量的蜂蜡效果更好）放入容器（铝锅、铁锅均可），用火加热使蜡化开，在蜡液中插入一温度计，控制蜡液的温度为120～140℃。蜡液熔化后，将接穗放入蜡液中迅速蘸一下，甩掉表面多余的蜡液，使整个接穗表面包被一层薄而均匀透明的蜡膜。少量的接穗可用夹子或筷子夹住接穗一个一个地蘸，大量接穗可用笊篱，用笊篱时一次可处理 10～20 支接穗，不可太多，以防降低蜡温。具体操作方法是：在笊篱中放 10～20 支接穗，迅速淹入蜡液，瞬间即把笊篱取出，掂一下使部分蜡液掉回锅内，随即稍用力甩在铺有塑料布的地上，使接穗四处散落，而不堆在一处，以利散热，且接穗不会黏结在一起。注意蜡的温度不能过高或过低。温度过高容易将接穗烫死，这时可将容器撤离热源降温。温度过低，接穗上的蜡层过厚，容易龟裂脱落，蜡温降低时，需重新进行加热。现在用电磁炉加热可方便地控制温度。也可在容器中加入少量的水，利用水来间接加热，控制蜡液的温度在 90～100℃范围内，这样可保护接穗不被烫伤，但由于温度较低，蜡封的效果不如直接用火加热。刚蜡封好的接穗不要堆在一起，要将其散放促使热量迅速散失，以保护接穗不被烫伤。蜡封后不立即进行嫁接的，可用湿布将接穗包裹起来放入冰箱或埋入地窖湿土中临时保存。

芽接的接穗采集后，长途远运时也需要用接蜡来封住剪口，以减少水分的散失。随采随用的可不蜡封，只用湿布包裹即可。

4.2.2 嫁接技术

核桃嫁接的方法较多，根据嫁接时间和接穗的种类，可分为枝接和芽接两类。以一段带芽的枝条作为接穗的嫁接方法称为枝接，而仅以一个芽片作为接穗的称为芽接。

常用的枝接法有劈接、插皮舌接、插皮接、腹接等；芽接法有方块形芽接、T 字形芽接、环状芽接、工字形芽接等。方块芽接是目前生产上最常用的大量繁殖苗木的方法，枝接主要用于大树高接换优或芽接没有成活的第二年春天补接。

1. 劈接 北方地区多在 3 月下旬到 4 月下旬芽子萌动后至展叶时进行。选择直径 2 厘米以上的砧木，离地面 10 厘米左右剪断或锯断，削平锯口，用劈接刀在砧木中间劈开，深约 5 厘米，接穗蜡封，留 1～3 个芽眼，在第一个芽相对应的下端侧面各削一个3～5厘米的斜面，两侧斜面等长，将接穗插入劈开的砧木缝中，使接穗的削面基部露出少许，如半月形，注意要使砧木和接穗的形成层对齐。砧、穗粗度一致时能使两侧形成层都对齐，砧木较粗，接穗较细的要使一侧形成层对齐，然后用塑料条绑扎严实（图4-4）。枝接的时间很关键，一般在展叶后伤流少，成活率高。

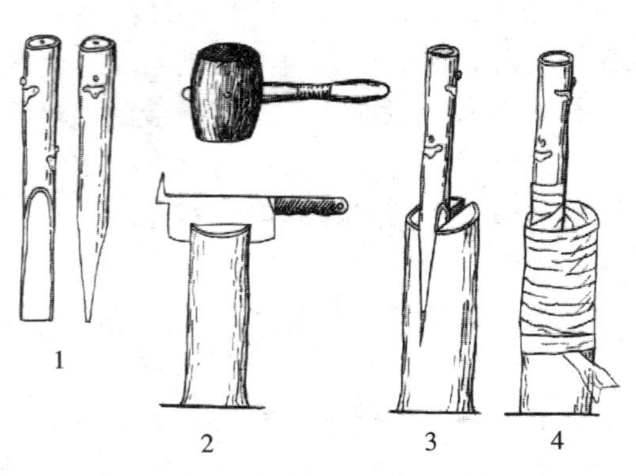

图4-4　劈　接

1. 接穗削面　2. 砧木劈口　3. 插入接穗　4. 绑缚

嫁接时要注意捆好后接穗不能松动，即使用手摇也不易晃动为宜，初学嫁接的人常捆扎不严，常因接穗松动而造成嫁接失败。接穗松动的主要原因，一是接穗削面的角度与砧木开口的角度不一致，二是接穗削面凹凸不平。接穗削面角度大，使先端夹不紧；接穗削面角度小，使后部夹不紧，接穗削面的角度要多多练习才能掌握。另外，形成层没有对齐也是嫁接失败的原因之一（图4-5）。

2. 插皮舌接　砧木锯断后选光滑处由下至上削去一条表皮，长5～7厘米，宽1～1.5厘米，露出皮层并在中间纵切一刀。接穗削成6～8厘米的单削面，呈马耳形，用手捏开削面背后的皮层，使之与木质部分离，将接穗削面的木质部插入砧木削去表皮

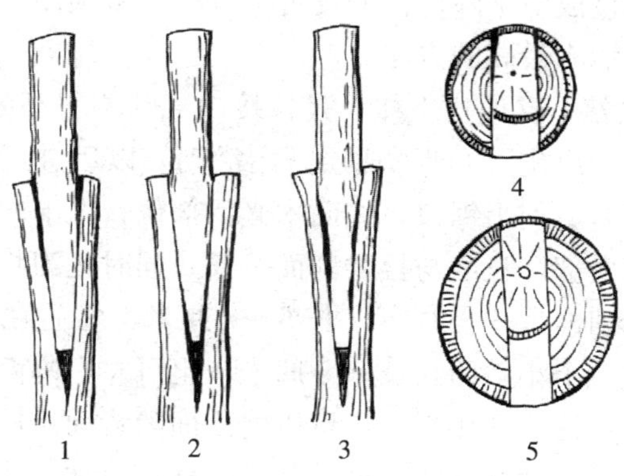

图 4-5 结合不严密

1. 上松下紧 2. 上紧下松 3. 削面不平
4. 外窄内宽 5. 形成层未对齐

处的木质部和皮层之间，用接穗捏开的皮层盖住砧木的削面，最后用塑料布绑扎严实（图 4-6）。春季的接穗不离皮，很难捏开，因此进行插皮舌接的接穗要事先进行催醒处理，使之离皮。方法同种子的催芽，注意把握处理的时间，催醒时间过长会使接穗萌

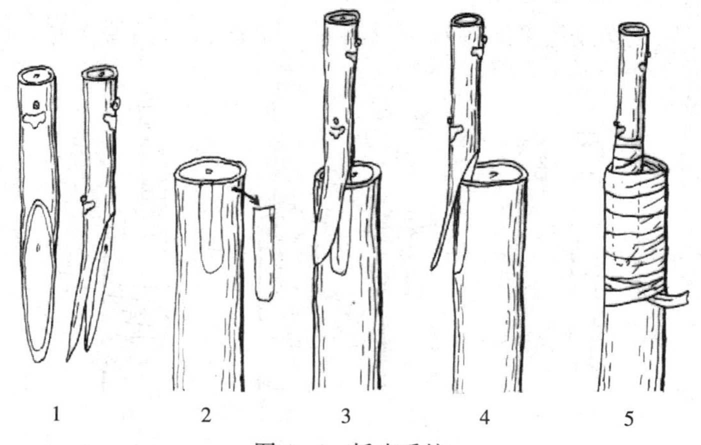

图 4-6 插皮舌接

1. 削接穗 2. 砧木去老皮 3. 插入接穗 4. 插入接穗侧面观 5. 绑缚

发，导致嫁接成活率降低。插皮舌接方法稍微烦琐一点，但它是核桃枝接成活率最高的方法。

3. 插皮接 又叫皮下接，是枝接中成活率很高的一种方法。必须在砧木“离皮”（即形成层开始活动）以后进行，先将砧木锯断或剪断后，削平锯口，在砧木光滑部位，由上向下垂直划一刀，深达木质部，长度与接穗削面等长，同时用刀将皮层向两边挑开。接穗削面呈一马耳形，长6～8厘米，然后在削面的背面先端轻轻削一个小斜面，长0.5厘米，也可左右削两刀，呈两个小斜面，便于往下插接穗。还可以将削面的背面蜡层、皮层轻轻用刀刮去，露出白绿相间的韧皮部，这样可以加大接触面，有利水分和营养运输，促进愈伤组织的形成。

接穗削好后插入砧木的小口中，削口基部露白，呈半月形（图4-7）。最后用塑料布包扎好。插皮接砧、穗接触面大，嫁接成活率高，生产上应用较多。但嫁接成活后砧、穗愈伤组织的机械承受能力较差，接穗萌发后易被风吹折，需要及时进行支护。

枝接的注意事项：a. 注意嫁接前不要灌水，在嫁接前3～5天预先锯断砧木放水或者嫁接时在树干基部螺旋状开几个放水口，以免伤流过多影响嫁接成活率。b. 嫁接时间要选好，因为

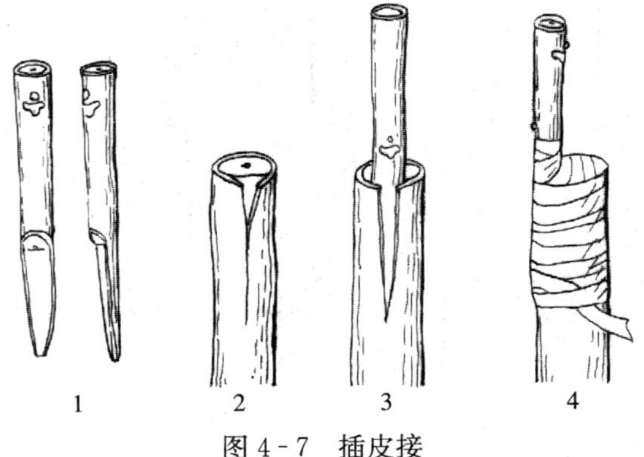

图4-7 插皮接

1. 接穗削面 2. 砧木切口 3. 插入接穗 4. 绑缚

愈伤组织的产生要求有一定的温度范围，最适温度 26℃左右。枝接宜在春季萌芽至展叶期进行。

4. 方块形芽接　此法嫁接成活率高，是近年来应用最多的核桃嫁接方法。具体操作方法是：用刀先将叶柄留 0.5 厘米左右削去，在接芽上下各 1 厘米处横切一刀，在接芽叶柄两侧 0.5 厘米处各竖切一刀，与横切刀口相交，用拇指和食指按住叶柄处横向剥离，取下一个长方形的芽片，注意要带上生长点—芽片内面芽基下凹处的一小块芽肉组织。在砧木距地面 20 厘米左右光滑部位横切一刀，在刀口之上再横切一刀，两刀间距离与接芽长度相当，两横刀口的一端，竖切一刀，与上、下横刀口相连通，挑开皮层开个“门”，放入接芽，一面紧靠竖刀口，依据接芽的横向宽度撕去挑起的砧木皮，注意去掉的皮要比接穗芽片稍微宽 1～2 毫米，以便接芽和形成层紧密结合。用厚地膜剪成 3 厘米宽的塑料条进行绑缚，注意将叶柄的断面包裹严实，露出芽点（图 4-8）。最后用修枝剪将接口以上的砧梢留 1～2 片复叶剪去，控制砧木的营养生长，有利接芽成活。方块形芽接宜在 5 月底到 6 月中旬进行，接芽当年可萌发成苗。也有在 7～8 月份进行嫁接的，但接后接芽当年不萌发（闷芽），第二年才剪砧、萌发成

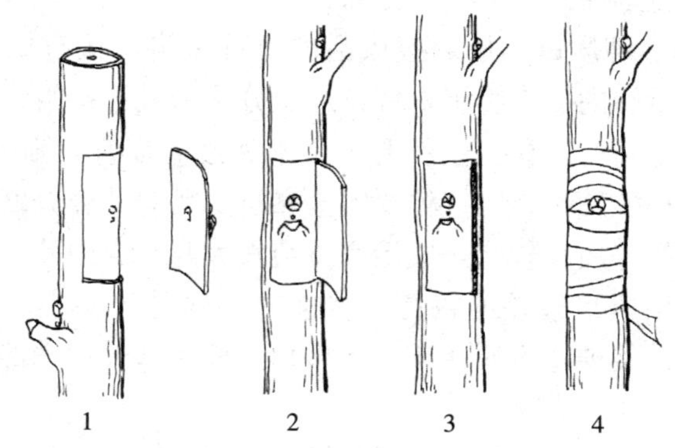

图 4-8　方块形芽接

1. 剪取接穗及剥取芽片　2. 砧木开口　3. 嵌贴芽片　4. 绑缚严密

苗，主要用于5～6月份嫁接没有成活的砧苗补接。

方块形芽接的砧木切法也有开工字形口的，称为工字形芽接。接穗切法与方块形芽接相同，砧木先横切两刀，竖切时在两道横切刀口的中间切一刀，将砧木的皮层向两边挑开，放入接芽，绑缚。工字形芽接不去掉多余的皮层，此法也称开门接。

有些地方习惯用双刃刀（图4-9）嫁接，操作方便，成活率高。可自行制作双刃芽接刀，取2段10厘米长的钢锯条用砂轮磨出刀刃，找一宽4厘米、厚约1厘米、长10厘米的小木条，用布条将锯条做成的刀绑缚在木条两侧即成。嫁接操作与单刃刀类似，只是横切两刀变成一次完成，且容易使砧木的切口与接穗芽片等长，可提高嫁接速度，提高成活率。

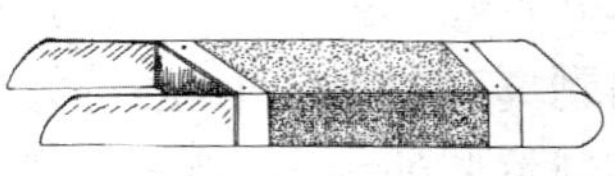

图4-9　双刃芽接刀

4.2.3　影响嫁接成活的因素

以前核桃嫁接比较难，成活率低，直到2000年前后才得以解决，嫁接成活率提高到90%以上，且各地的嫁接工人都能熟练掌握这项技能。综合来看，影响核桃嫁接成活的因素较多，在生产上需特别注意以下几个方面：

1. 砧、穗质量　从嫁接成活的机理来讲，只有砧木和接穗都能产生足够的愈伤组织，愈伤组织分化形成连接组织，才能最后形成一个新的植株。这就要求砧木和接穗都有较强的生命力，特别是接穗的质量，因接穗要完全靠自身贮藏的养分度过一段时间，如果接穗质量较差，成活率就会大大降低。因此，在生产上要避免使用质量较差的接穗，枝接的接穗髓部要小，芽子要饱满，芽接的接穗要木质化或半木质化。枝条基部和梢部的芽质量较差，不能用来嫁接。

芽接时，砧木苗培育一般是第一年春季播种，第二年春季平茬，新梢长出后到5月底至6月中旬进行嫁接，要求砧木嫁接部位粗度达到1～2.5厘米。如果是在2年生的部位进行嫁接，则成活率大大降低。有人形象地称核桃嫁接苗为“三拐苗”，第一拐为砧木2年生部位，第二拐为当年长出的新梢部位，第三拐才是嫁接的品种。

芽接的接穗要在5月底6月中旬的这一段时间剪取，此时核桃新梢的生长量一般不是很大，芽体成熟度低，一个枝条上可用的芽不多，为了获得质量较高的接穗，可将母株栽植在温室或大棚中，使其提早萌发，到大田可以嫁接时因接穗枝条生长时间加长，生长量大，芽体饱满，成熟度高，嫁接后成活率高。同一条发育枝上，中下部芽发育好，可以作接穗，顶部和基部芽发育质量差，一般不能使用。注意芽子萌动的枝条不能作为枝接接穗，采集枝接的接穗以休眠期为好，一般在萌芽前剪取。

2. 伤流液 伤流是制约核桃嫁接成活的重要因素。伤流液会使嫁接口缺氧，抑制砧、穗的呼吸作用，从而阻止愈伤组织的形成。过去核桃嫁接以春季枝接为主，而休眠期核桃伤流特别明显，且气温低、湿度大、雨水多的环境下伤流增多。一般在夏、秋季嫁接以减少伤流。春季嫁接时在接口以下靠近地面砍几刀作为“放水口”，或者提前剪砧，留拉水枝，推迟嫁接时期等都可以减缓伤流的产生，但很难做到完全避免。将实生苗起出进行室内嫁接没有伤流产生，这也是以前核桃采取室内嫁接方法的理论依据。

3. 酚类物质 主要是单宁类的影响，因为核桃枝条含的单宁较多，接口常有单宁物质沉淀形成隔离层，阻碍砧、穗的接合。5月底至6月初嫁接时酚类物质较少，嫁接成活率大大提高。

4. 环境因子

（1）温度 核桃嫁接时愈伤组织的形成是嫁接成败的关键，而愈伤组织的产生与温度、湿度等密切相关。据试验核桃愈伤组织分化的最佳温度为29℃，嫁接时的环境温度以25～30℃为宜。

因此春季嫁接时不能太早，一般在萌芽展叶期进行。枝接较早，芽接较迟。

（2）湿度　接口的微环境对愈伤组织的形成至关重要，主要是要保持一定的湿度，接口干燥容易使薄壁组织干死，不能分化出愈伤组织，过高则通气不良，愈伤组织不能产生。因此，在生产上常要用塑料薄膜包扎接口，防止水分的散失。以前室内嫁接蘸石蜡、劈接用湿土包埋都是为了提高湿度。

（3）降雨　愈伤组织形成需要较高的湿度，但降雨会严重降低嫁接成活率。春季枝接时降雨会加大伤流的发生，夏季芽接时降雨会使嫁接部位氧气不足而容易发生霉烂。

5. 嫁接时期　保证芽接成活率的关键是选择好嫁接时期。以5月底至6月初最为合适，嫁接当年可成苗。其次为8月补接，嫁接成活后接芽当年不萌发，第二年可成苗。枝接时期以展叶后嫁接为好，此时伤流少，嫁接成活率高。

6. 嫁接技术　熟练的嫁接技术可缩短嫁接过程中砧木、接穗切口在空气中暴露的时间，减少单宁物质的氧化，同时平滑的切削面可使砧、穗紧密接触，愈伤组织容易连通。另外，嫁接时绑缚牢固、密闭与否也会影响嫁接的成活。从嫁接方法来说，以方块形芽接成活率最高，可达到95%以上，枝接成活率较低。无论枝接还是芽接，凡砧、穗接触面积大的成活率高，反之则低。

7. 接后管理　许多嫁接失败是由于接后疏于管理而造成的。枝接要绑缚支柱，以免新梢长出后被风吹折。芽接的要注意及时松绑、解除塑料条，减少水分、养分供应的阻碍。不解绑的塑料条抑制绑缚部位的生长，使绑缚部位过细，嫁接苗容易从嫁接口绑缚的缢痕处折断。不论芽接还是枝接，需及时抹去萌发的砧木芽条，集中养分供接芽生长，也有提高成活率的作用。

8. 砧、穗亲和力　嫁接亲和力是砧木和接穗双方能够正常连接并形成新的植株的能力。通常，普通核桃作砧木嫁接普通核桃，铁核桃作砧木嫁接泡核桃，亲和力强。其他几种砧木如山核桃、枫杨、核桃楸等与普通核桃亲缘关系较远，亲和力较差。如枫杨嫁接后常出现“大脚”现象，成活后的保存率低，生长几年或几十年后会死亡，寿命较短。

4.2.4 嫁接后的管理

从5、6月份嫁接到10月嫁接苗出圃，只有短短的几个月，为了保证嫁接苗健壮生长，培育高等级的苗木，需要加强管理。

1. 检查成活和补接 核桃芽接1周以后可检查是否成活，接芽新鲜饱满的说明嫁接成活，接芽变黑的没有成活，及时进行补接。枝接一般需15天左右才萌发。

2. 剪砧 5月份芽接时，一般要在嫁接的同时将嫁接口以上的砧梢保留1～2片复叶剪去，抑制砧木的生长，有利接芽成活。嫁接后7～10天在接芽上1.5～2厘米处剪砧，促进接芽的萌芽生长。而7月中旬后嫁接的苗不剪砧，当年只培养成带有一个品种接芽的半成品苗，到第二年春天才剪砧，接芽萌发长成嫁接苗。

3. 除萌 芽接后20天左右，砧木上会萌发大量嫩梢，应及时抹除，以集中养分供应接芽生长。在以后的管理过程中还要集中抹芽1～2次。一般当接芽新梢长到30厘米以上时，砧芽才很少再萌发。

4. 解除绑缚物 芽接后要注意检查接穗的叶柄，有腐烂的需要将薄膜挑破放风，防止整个接芽腐烂。嫁接成活后接穗生长迅速，可在新梢长到3～6厘米以上时及时解除绑缚物。解绑过早的接口愈合不牢，接穗易被风吹掉或因田间操作而碰掉。解绑过迟塑料布会抑制绑缚部位的增粗，形成缢痕，将来苗木也易被风刮折。

5. 肥水管理 核桃嫁接后到接芽萌发前不能浇水施肥。新梢长到10厘米以上时开始加强肥水管理，促进生长。追肥、浇水同步进行，前期每次每亩追施尿素10千克，中、后期20千克（或磷酸二氢钾10千克），浇水后2～3天中耕除草，可将土壤追施和叶面喷肥相结合，交叉进行，半个月一次，每次喷0.5%尿素+0.3%磷酸二氢钾，总浓度不超过1%。立秋以后控制浇水和施氮肥，叶面喷施磷、钾肥（0.3%磷酸二氢钾）促进枝条充实。

6. 设立支柱 接芽萌发后枝叶生长迅速，而接口的机械支撑能力还较弱，很容易被风吹折或被人畜碰折。可在旁边插一根竹竿或木棍，用细绳将新梢和竹竿绑在一起，起到固定作用。绑缚时要留有新梢生长的空隙，防治勒伤苗木。支棍插入地下要深入牢固。

7. 摘心 苗圃一般肥水充足，枝条容易贪青徒长。一般在9月中旬对没有停长的新梢进行摘心。摘心后可促进新梢木质化，有增强嫁接苗越冬能力和防止抽条的作用。

8. 病虫害防治 苗圃地密度大，枝叶幼嫩，容易遭受病虫害，在管理过程中要注意观察，及时发现，及早防治。具体参考病虫害防治一章。

4.3 组织培养育苗

利用组织培养技术对核桃外植体进行离体培养，使其短期内获得遗传性一致的大量再生植株。主要是应用茎段培养技术，将外植体茎段培养成幼苗，再利用带芽或不带芽的幼嫩茎段进行继代培养，实现快速繁殖的目的。但总的来说，核桃组织培养快繁还停留在实验阶段，组培苗生根的技术还不成熟，主要用于培养一些脱病毒材料，提供子苗嫁接的材料。

4.3.1 组培育苗的特点

组织培养育苗繁殖效率高，不受季节和灾害性气候的影响，可周年繁殖，且材料能以几何级数增殖，繁苗速度快。培养技术简单易行，管理方便，培养条件可人为控制，利于自动化管理，实现工厂化生产。无性繁殖的方式可保持母体的优良性状，均匀一致，苗木质量好。在某些植物上还能解决不能用种子繁殖的快速繁殖问题等。

4.3.2 组培基本操作流程

1. 材料的选择和处理 选择优良的核桃品种，生长健壮、污染较少的母株作为外植体的来源。一般大田的材料污染较多，不容易获得无菌系，可将其栽培在温室内，以减少污染。少量材料也可用水培的方式获得嫩枝。

进行培养时剪取当年生的嫩枝，剪去复叶，剪成3～4厘米的带腋芽茎段。先用自来水流水冲洗1～3小时，在无菌条件下用75%酒精灭菌30～50秒，再用0.01%升汞浸泡3～8分钟，最后用无菌水冲洗3～5次，以备接种。

2. 培养步骤

（1）茎尖（段）培养 最常用的茎段培养基是DKW培养基。将灭菌的茎段切去两端1毫米的端面，植入培养基中。培养条件是温度25℃，光照强度1 000～3 000勒克斯，光周期14～16小时光照，8～10小时黑暗。

（2）继代扩繁 是茎段培养的主要一步。一种方法是促进腋芽的快速生长，一种是诱导形成大量不定芽。通过腋芽增殖的方法可以保持品种的优良特性，发生变异的几率较小，增殖速度快，理论上一年内1个芽可增殖10万株以上。诱导不定芽会产生较大几率的变异。增殖后形成的丛生苗或单芽苗分割后，转移到新培养基中继代培养，4～8周继代一次。一个芽苗可增殖5～25个小苗，并进行多次继代培养，满足生产需求。

（3）生根培养 继代扩繁的芽苗没有根，一般需要在生根培养基中诱导生根。生根时所用的基本培养用MS培养基，但需降低无机盐浓度，一般用1/2或1/4的量，并减少或除去细胞分裂素，增加生长素的浓度。在生根阶段辅以黑暗条件，则生根效果更好。

还有一种用芽苗扦插的方法来生根的。先将芽苗在生长素中快速浸蘸或在含有相对高浓度生长素的培养基中培养 5～10 天，然后栽入温室中的培养基质（珍珠岩：蛭石＝2：1）中，经常喷雾，几天后可自行生根。

由于核桃组培苗生根的问题一直没有得到很好的解决，因此只需提供没有生根的接穗，进行芽苗嫁接，不进行生根培养。

3. 炼苗及移栽 移植是一个由异养转变为自养的过程。试管苗移栽是组织培养过程的重要环节，也是最费工的一个环节，这个工作环节做不好，就会使组培育苗前功尽弃。

（1）移栽用基质和容器 常用的移栽基质有珍珠岩、蛭石、沙子等，可采用单一基质或复合基质。移栽组培苗的容器常为 6 厘米×6 厘米的塑料钵，也可使用育苗盘。

（2）移栽前的炼苗 试管苗移栽前要先将培养容器不开口在自然光照下锻炼 2～3 天，让试管苗接受强光照射，再开口炼苗 1～2 天，经受低温锻炼，以逐步适应外界环境条件。

（3）移栽和幼苗的管理 试管苗移栽时，应首先洗去根部附着的培养基，避免微生物的繁殖污染，造成小苗死亡。移栽后要保持较高的湿度，并进行遮光。以后逐步降低湿度、增加光照，直至与外界环境相同。

经过温室移栽成活的小苗培养一段时间，长出新根和新的叶片后可移栽到大田。

4.3.3 组织培养过程中需要注意的问题

（1）污染 组织培养过程要求比较高的无菌环境，组培过程中常受真菌、细菌等微生物的侵染而在培养容器中滋生，影响培养材料的正常生长和发育。在培养的各个环节都必须注意充分消毒灭菌，接种器具、接种材料、操作人员在接种操作前都应按要求严格灭菌，包括使用过的接种瓶、瓶塞等都要认真清洗、灭菌后才能再次使用。接种室、培养室、超净工作台应定期用福尔马林熏蒸，经常用紫外灯照射灭菌。

（2）玻璃化　玻璃化是试管苗的一种生理失调症状，表现为试管苗叶片、嫩梢呈水浸透明或半透明状，叶片变小、畸形。玻璃苗生根困难，移栽后不易成活。它的出现使试管苗生长缓慢、繁殖系数下降。造成试管苗玻璃化的因素主要有培养基的琼脂和蔗糖浓度、培养温度、生长调节剂浓度、培养瓶内的乙烯浓度、光照以及培养基中的含氮量等，在培养过程中应予以注意。

（3）褐化　核桃的各种组织中酚类物质含量较高，在组织培养过程中，组织中的多酚氧化酶被激活，酚类化合物被氧化形成褐色的醌类物质。醌类物质与蛋白质聚合，引起其他酶系统失活，导致代谢紊乱，生长受阻。褐化现象较为严重，是核桃组培繁殖的一大瓶颈问题。

一般常用的防止褐化的措施有：选择幼嫩的外植体，分生能力强，酚类物质含量低；选择适宜的培养基；在不影响正常生长和分化的前提下，降低温度，减少光照；在培养基中添加抗氧化剂或吸附剂，如抗坏血酸、硫代硫酸钠、柠檬酸、聚乙烯吡咯烷酮、活性炭等。

4.4 苗木出圃

冬季寒冷的地区在落叶后上冻前将苗木出圃。苗木出圃是育苗的一个重要环节。要根据需要制订好出圃计划，按品种和栽植需要及出售情况分批出圃，避免在出圃、贮存、运输等过程中造成品种混杂。冬季没有抽条现象的地区，可在第二年春天解冻之后、芽萌动前出圃，随挖随栽，栽植成活率高、缓苗快，操作方便。

4.4.1 苗木标准

核桃嫁接苗标准目前执行的是GB7907－87国家标准（表4－

1)，一般销售的苗木要达到2级以上，且要求嫁接苗接口愈合良好，充分木质化，没有病虫害及机械损伤。需要注意的是苗高在生产上一般指嫁接口以上的高度。这一标准是在1987年制定的，当时核桃嫁接繁殖技术还不过关，苗木质量一般不高。现在通过5月底至6月初的嫁接可以繁育出质量更高的苗木，苗木高度可达到1米以上，甚至更高。结合生产实际，建议核桃一级苗的标准可提高到1.2米，便于栽植后定干。

表4-1 核桃嫁接苗的质量等级（GB7907—87）

项　目	1级	2级
苗高（厘米）	>60	30～60
基径（厘米）	>1.6	1.0～1.2
主根保留长度（厘米）	>20	15～20
侧根条数	>15	

如果是用做砧木的实生苗，则高度要求不严格，直径要达到1.5厘米以上，根系发达，生长健壮无病虫害。

4.4.2 起苗、分级和贮存

1. 起苗 初冬苗木落叶后、土壤上冻前要将苗木起出，栽植、外运或集中贮存。核桃是深根性树种，且根系受损后愈合能力差，所以起苗时要尽量保护根系。出圃前一周要灌一次透水，增加土壤湿度，防止因土壤干燥加大起苗时根系的损伤，若遇雨可少浇或不浇。起苗时一般用铁锹挖出即可，注意少伤根系。也有用机械起苗的，速度快、功效高，但要注意起苗深度要达到25～30厘米以上，防止过多的切断根系。苗木起出后先进行适当的修剪，主要是剪除劈裂、折断的根系，尽量多的保留小根。起苗时要备好泥浆，边起苗边蘸泥浆，减少根系在空气中暴露的时间，以保护根系。泥浆要黏稠，蘸后根系上要沾有较厚的一层泥浆，太稀的泥浆效果不好。

2. 分级 销售的苗木要进行分级，在起苗的同时按照国家标准 GB7907－87 的苗木标准分成一级苗、二级苗和等外苗，同时剔除没有嫁接成活的实生苗。合格的苗木按 20 或 30 株打成一捆，悬挂标签，尽早假植、运输或栽植。等外苗可归圃再培育一年，第二年出圃。实生苗也可重新栽植在一起待第二年重新嫁接。

3. 贮存 起苗后不能立即栽植的苗木要进行假植。短期假植是苗木起出后不能及时外运，或购进的苗木即将进行栽植时进行的临时假植，一般不超过 10 天，在阴凉的地方开约 30 厘米深的沟，用湿土将苗木的根系埋起来，同时洒水保湿，也可加盖遮阳网以减少苗木蒸腾失水。长期假植是指苗木越冬的假植，时间长，苗木失水多，假植要求较高。

假植时选择地势较高，背阴，风小，交通方便的地方挖假植沟。先挖一条宽约 50 厘米，深 50～80 厘米，长 3～5 米的沟，挖出的土堆在假植沟的南侧，形成一条土垄，将捆扎好的苗木捆打开倾斜成 30°～45°角，依次排入沟中，埋土 2/3 以上并露出梢，用挖第二行沟的土来填埋第一行苗木，注意要将苗木的根系间隙填严，不留空隙。土壤黏重时可掺沙，最好是用纯沙，便于调节湿度和操作，也能更好地填充根系的空隙。第二行沟挖好后摆放苗木，用挖第三行沟的土来填埋第二行的苗木，以此类推，直至所有苗木假植完。同时在假植场地周围挖排水沟，防止积水。整个苗木假植完后，要喷一次水，增加土壤湿度，防止苗木抽干，类似于浇冻水。冬季寒冷时可用废旧草帘进行覆盖。春季气温上升后要及时检查，防止苗木霉烂，尽快栽植。假植的土要保持松软，尽量不要践踏，以利通气。气候严寒地区，苗木枝梢全部埋入土中，露出时易干梢。

为了更好地贮存苗木，有条件的地方可用果窖或气调库来贮存苗木，窖内温度低，可推迟发芽，延长春季苗木栽植时间。少量的苗木也可放在菜窖内，用湿沙培住根部即可。

4.4.3 苗木检疫与消毒

苗木检疫是防止病虫害扩散的有效措施。目前国内植物检疫的法规是《中华人民共和国植物检疫条例》(1992)，该条例包括主管执行机构、检疫范围、调运检疫、产地检疫、国外引种检疫审批、检疫放行与疫情处理、检疫收费、法律责任等方面。条例规定“凡种子、苗木和其他繁殖材料，不论是否列入应施检疫的植物、植物产品名单和运往何地，在调运前都必须经过检疫。”经检疫未发现植物检疫对象的，发给“植物检疫证书”，可以调运。县级以上农业主管部门、林业主管部门所属的植物检疫机构，负责执行国家的植物检疫任务。

在起苗的同时要对苗木进行消毒。用石硫合剂消毒，既可灭菌又能消灭介壳虫等枝干害虫，效果较好。方法是将根系浸在5波美度石硫合剂中10～20分钟，取出后用清水冲洗干净，再蘸泥浆保护根系。对起苗时没有消毒的苗木，也可在栽植前消毒。

4.4.4 包装与运输

根据要求，核桃苗木要按等级分开，一般以20株或30株为一捆进行包扎，系好标签，标明品种、等级、出圃日期等信息。捆扎要有3道，分别在根部、梢部和苗木中部，捆扎紧实，防止苗木在搬运过程中脱出。

一般讲苗木运输在早春气温较低时进行，现在高速公路发达，可白天装车，晚上运输，避免太阳曝晒。苗木运输时要做好保湿工作，防止苗木失水。短距离运输可裸根运输，装车后用篷布遮盖严实即可，或者是用厢式货车运输，减少路途中的水分损失。长距离运输时要用湿麻袋片、草帘、锯末等包裹根系，外包装用塑料布，以利保湿。运输时须进行遮盖，途中还要适当喷水加湿，防止发热和失水。通过邮局寄送的苗木需进行保湿邮寄，在根部包裹湿锯末或湿苔藓，或湿报纸，再包塑料膜。所有外运苗木都必须在县级以上林业部门办理检疫手续，防止检疫性病虫害通过苗木扩散。

苗木运送到目的地后要立即打开包装，核对品种、数量并进行喷水、假植，尽快栽植。

5 建园技术

5.1 园地选择及规划

我国核桃栽培历史悠久，在外贸、内销中占重要地位。长期以来，我国核桃生产多采用实生繁殖，零星栽植，单位面积产量较低，商品质量良莠不齐；此外，由于核桃树生命周期长，核桃园一旦建立，不易改变。因此，为了实现核桃品种化、良种化，改善品质，提高产量和科学管理及现代化商品基地的建设，必须科学建园。建园时应对园地的土质、地势、气候等条件进行认真选择，并进行严密的规划设计，以避免因选址不当和规划不周而带来各方面的不便及损失。

进行无公害核桃生产时，应根据无公害食品生产标准的要求，选择远离污染源的地、空气清新、水质纯净、土壤未受污染、具有良好生态环境的地区，尽量避开繁华都市、工业区、交通要道的地区建园。

5.1.1 园地选择

核桃园地的选择直接关系到核桃无公害生产成败及其经济效益高低。尽量达到早果、优质、丰产、高效和无公害的目的，应选择地势平坦、土层深厚、土壤肥沃、背风向阳、交通便利的地方，同时要求园地具有空气清新、水质纯净、无污染的良好生态环境，远离容易产生污染物的工矿、企业及交通干线。避免在柳树、杨树生长过的土壤上栽植核桃，以防止根腐病的发生；避免核桃多年连作，连作会使根结线虫等虫体的密度大量增加，影响核桃的生长发育；撂荒地由于土壤肥力下降，生产性能降低，切忌选择重茬地、撂荒地。

1. 核桃建园地气候条件的要求 从地理分布来看，核桃的自然产地，大都是较温暖的地带，北纬 30°～40°为核桃适宜的栽培区域。就垂直分布而言，海拔 700～1 300 米的地区核桃生长结果良好。无霜期 180 天以上，年平均气温 8～16℃的地区均可栽植。核桃树在休眠期能耐－20℃的低温，部分品种耐寒可达－30℃。春季萌芽后，耐寒能力降低，如温度降到－4～－2℃，可使新梢受冻，花期和幼果期温度降到－2～－1℃，即受冻减产，但对成年树不会造成大的伤害。

核桃树对大气湿度要求并不严，在干燥的气候环境下生长结果仍然正常。核桃生长发育对土壤湿度则较敏感，过旱、过湿均不利于核桃的生长结果。幼苗期水分不足时，生长停止。结果期在过旱的条件下，树势生长弱，叶片小，果实小，这种情况必须浇水。长时间晴朗而干燥的气候，能促进开花结实。核桃在排水不良、长期积水的情况下，特别是受到污染，就会产生缺氧，造成根系腐烂，甚至整株死亡。

核桃对土壤适应性强，无论是丘陵、山地，还是平川，只要土层较厚、排水良好就能生长。在土壤疏松、排水良好的河谷地带，则生长更好，地下水位在 1.5 米以下，pH 为 7.0～8.2 的中性、微碱性土壤条件下，核桃树生长良好。

2. 地形的影响 核桃园址的选择对地形总的要求是背风向阳、空气流通、日照充裕。我国山地面积占全国陆地面积的 2/3 以上，核桃多为山坡地栽培。山地具有空气流通、日照充足、排水良好等特点，但山地地形复杂，气候多变，土层较薄，肥水条件较差，加上交通不便，给核桃的生产管理带来一定困难。因此，在山地栽植核桃时，应特别注意海拔高度、坡度、坡向、坡形及土层的厚薄等条件，以及核桃对温度、光照、水分等条件的适应状况。根据山地地形、绝对高度和相对高度的不同，可将山地分为丘陵地带、山麓地带、低位山带、中位山带和高位山带。山地建园坡度应在 20°以下。如山势起伏不大，坡面比较整齐，尤其在我国西南的山区，坡度>25°的地方也可适当利用。

在具体的立地条件下，地形的位置和走向可以影响光照、气温、土壤及水分状况，而且随着时间的变化而变化。核桃园最好建在平地和缓坡地，坡向以开阔向阳面为好。从现有核桃的分布来看，溪边、河床两岸水源充足的地方为最佳。

3. 坡向的影响 对于坡向的选择，理论上认为阳坡、半阳坡最好，但在光照充足，没有灌溉的条件下，种植在半阴坡和阴坡的核桃树则优于阳坡和半阳坡。山地丘陵区栽植核桃树，由于温差大，一般光照条件好，有利于光合产物生产积累而能生产优质果品。但也会产生一些不利的生态因子而影响核桃发育。

理论上来说，山体南坡较北坡温暖，春季地温上升快，日照时间长，物候期也较早。研究资料表明，南坡和北坡的气温可相差 2.5℃，10 厘米深土温可相差 1.4～1.9℃，而 80 厘米土温可相差 4～5℃，东、西坡向则介于两者之间。南坡的水分条件不如北坡，这是由于阳坡比北坡蒸发量大，容易干旱，土壤含水量最大可相差 28%。由于山体坡向生态因子的差别，不同坡向核桃生长的物候期表现不同，南坡早于北坡，但昼夜温差大，发生干旱、冻害和日灼程度比北坡严重。在黄土丘陵的沟谷底部，盆地及山坡的底部，早春常易集聚冷空气，导致冻花和冻果发生。

丘陵及山地的坡度大小，对土壤肥力及水分状况影响较大，坡度越大，雨水冲刷程度严重，养分淋失严重，土壤就越贫瘠，水分也很少，越干旱。因此，坡度大的地区必须规划水土保持工程。在综合考虑各生态因子，初步确定园址后，要进行核桃园的整体规划与设计，内容包括园地调查、主要道路、排灌系统、防护林建立、小区划分及品种搭配等。

4. 风沙及盐碱的影响 沙荒地由于风大，沙尘流动性大，土壤蓄水能力差，因此在沙荒地上栽植核桃，应在建园前应及早营造防护林，达到防风固沙、改善核桃园气候环境的目的。轻盐碱地，可以经过合理规划，改良土壤，设置排灌系统，选择适宜品种进行核桃生产。

5.1.2 园地规划

由于核桃适应范围广，园址选择上不是很严格，园地的规划也较粗放。只要依据某一地区的地形、气候特点，进行科学规划，就可以减弱或消除建园的不利因素，有利于以后生产经营。在建园前应对建园地点的社会经济状况、核桃生产情况、气候条件、地形土壤条件、水利条件等方面的基本情况进行详细的调查，为园地规划设计提供依据。对于建园面积较大或山地建园还应该进行面积、地形、水土保持工程的测量工作。平地测量后绘出平面图，标明突出的地形变化和地物；山地应进行等高测量，绘制 1∶1 000 的地形图，地形图上绘出等高线密度、高差和以地形作基础绘制出土地利用状况、土壤分布图、水利图等以供规划使用。具体的园地规划内容主要有以下几方面：

1. 生产小区的划分 园地小区的划分对今后的管理十分重要。小区的划分必须达到如下要求：一是小区内的气候、光照条件大体一致；二是便于防止园内土壤侵蚀；三是便于园内防止风害；四是便于园中的运输。

丘陵山地，主要应依据地形、地势的变化，把整个园地划分成若干个单位。在具体划分时必须结合园区道路、排灌系统、防护林等果园基础建设统一规划。同一小区内土壤类型、坡向、气候条件应大致相近，其面积大小及形状均应与立地条件相适应而不能人为分割，山地地形复杂时，可以一面坡为一个小区。

小区的形状和大小要因地形、地势而异。山地小区长边应与等高线平行，坡面大时按水平位置上、中、下排列小区，自然条件较差的山区丘陵地小区面积以 30～45 亩为一个小区，小区内不要跨越分水岭或大沟；平原适宜栽植地区的小区面积 50～100 亩，长方形为好。

2. 道路系统 正确合理的道路系统规划，可以方便管理，减轻劳动强度，提高工作效率。为了核桃园管理和运输的方便，应根据需要设置宽度不同的道路。各级道路，应与小区、防护林、排灌系统等统筹规划，相互配合。一般大、中型核桃园的道路系统由主干路、支路和作业路三级道路组成。主干路要求宽4～5米，贯穿全园，能通过大卡车；支路是连接主路通向作业区的道路，宽度一般为3～4米，能通过拖拉机；作业路是生产区内从事生产活动的要道，宽度要求2～3米，应能通过小型汽车及农机具。小型核桃园为减少非生产用地，可不设主路和小路，只设支路。

山地与丘陵区的主干路线要求绕山而建，宽度3～5米。支路设在小区之间，宽度为2～3米，应能通过马车、小型汽车及农机具。作业路设在小区内或小区间，宽1～2米，主要用于农事操作。

山区道路设计时可顺坡倾斜而上，也可横坡环山而上呈之字形拐弯。顺坡的路应设在分水线上而不能在集水线上，以免被水冲毁。一般路的内侧要修排水沟，路面要呈内斜状，以延长使用寿命。

3. 排灌系统 灌溉系统是保证核桃园高产、稳产的重要措施之一。平地核桃园，地面灌溉渠道，包括干渠、支渠和毛渠三级。干渠是将水引到果园并纵贯全园。支渠将水从干渠引到果园小区。毛渠则将支渠中的水引至核桃行间及株间。灌溉渠道的规划设计，应考虑果园地形条件、水源位置高低，应与道路、防护林和排水系统相结合。渠道应有纵向比降，以减少冲刷和淤积。一般干渠比降为1/1 000，支渠比降为1/500，比降小了流水不畅，比降大了冲刷严重。

丘陵山地果园，应首先考虑蓄水、输水及灌溉网的设计。在有水源可利用的地方，应选址修筑小型水库或蓄水池，以便灌溉。丘陵山地果园最适宜管道灌溉，采用自流灌、滴灌、渗灌等节水灌溉措施。

核桃最忌地下水位过高。地下水位距地表小于2米时，核桃的生长发育就会受到抑制。因此，应充分重视核桃园的排水问题。核桃园多采用明沟排水，明沟排水系统由小区内的集水沟和小区边缘的排水支沟与排水干沟组成。集水沟与小区长边和核桃行走向一致，也可与行间灌水沟合用或并列。集水沟的纵坡应朝向支沟，支沟的纵坡应朝向干沟。干沟应布置在地形最低处，使之能接纳来自支沟与集水沟的径流。各级排水沟的走向最好相互垂直，但在两沟相交处应成45°～60°的角度，以利水流畅通，防止渠道淤积。

丘陵山区的梯田上排水渠应修在梯田的内沿，所有集水渠应与总排水渠相连，而天然的沟谷就可以作为总排水渠。提倡排水渠与水库、旱井配套，每块地有旱井，每条渠有小水库，同时配置微灌系统。

此外，北方地区干旱少雨，降雨多集中于秋季7、8月份，果园的排灌系统应在规划时以蓄为主，蓄灌结合，排水为辅。

5.1.3 防护林建设

防护林能够改善核桃园生态环境，具有防止和减少风、沙、寒和旱等的危害和侵袭，以及降低风速、减少土壤水分蒸发和土壤侵蚀、调节温度、削弱寒流、增加土壤含水量、保证树体正常生长结果等作用。

1. 防护林带的作用

（1）调节小区的温度和湿度　据测定，在防护林带的防护范围内，夏季气温可降低0.7～2.0℃，相对湿度提高3.5%～14%，土壤含水量提高9%左右，缩小了昼夜温差，无霜期可延长3～5天，这样就显著地改善了园区生态环境，为丰产、优质打好了基础。

（2）降低风速，减小风害　微风有利于果树生长发育以及风媒授粉，大风对果树有破坏作用。核桃花期如遇大风，容易造成花、果等器官的损伤，影响授粉受精，降低坐果率。大风加速了叶片蒸腾，加剧树体失水和土壤干旱。此外，大风还造成土壤侵蚀，吹走表土，加剧土壤瘠薄。通过营造人工防护林可有效地降低风速，减轻风害。

2. 防风林的类型

根据防风特性，通常把防护林带分为以下两种类型。

（1）紧密型　即不透风林带，是由枝叶紧密的大、中、小型不同高度树冠的乔木、灌木夹杂栽植而成的多行林带，从上到下结构紧密，形成高大而紧密的树墙。这种林带防风范围小，但防护效应好。

（2）透风型　此类防护林由一层大乔木和一层灌木组成，由较松散的乔木、灌木组成，林带具透风的网眼结构，大风通过时如同筛孔中筛过一样，减缓了风速，起到了防护作用。但防风效果较紧密型林带差。

3. 防护林带的配置和树种选择

（1）防护林带的配置　通常设置主林带和副林带组成防护林网，主林带4～8行树，副林带2～3行树，林带中间为乔木，两边为灌木，也有乔木、灌木混植的。紧密型林带株行距为0.5～0.7米×1.5米，透风型林带株行距1～1.5米×2.5～3米，灌木类株行距1米×1米。

防风林带配置时应注意：

①主林带须与当地主风向垂直，宜采用半透风林带。

②副林带与主林带垂直，辅助主林带阻拦其他方向的害风。

③两个主林带间距离应为200～400米，副林带可加大至500～800米，不同地区林带的距离、宽度和高度应视当地的最大风速而定。果园南部防护林距果树20～30米，北部15～20米，此间可设道路、水渠等。

④林带经过当地最高点时，可沿分水岭建立，经过山谷沟口时，要在偏谷口处留下缺口，以免横穿山谷把冷空气截留在谷

内，利于冷空气的排出和减轻冻害。

（2）树种选择 防护林的树种应适应性强、生长快、树冠直立且有一定的经济价值，另外，最重要的一点是不能与核桃有共同的病虫害。北方地区常用做防护林的树种有：杨树、榆树、旱柳、臭椿、白蜡、侧柏、黑松、山定子、山楂、杜梨、皂角、核桃楸、枫树等；灌木类有柽柳、花椒、荆条、紫穗槐、酸枣、刺玫、木槿等。

5.1.4 实施水土保持工程

在干旱少雨、土层瘠薄的山地、丘陵地建核桃园时，可导致原有植被被破坏，加之耕作不合理，容易引起水土流失。尤其在雨季，降水过多形成的地面径流，冲走坡地表层肥土和有机质，不仅使果园土层变薄，含石量增加，土壤肥力下降，使核桃根系裸露，树势衰弱，产量降低，寿命缩短，甚至还会造成泥石流或大面积滑坡，危及核桃园的安全。因此，必须在建园之初通过整地、修筑水保工程，改善土壤状况，提高树体抗旱能力。常见的水保工程有以下几种方式。

1. 修筑梯田 梯田阶面平整，利于耕作，改善了核桃立地条件，充分利用了丘陵山区丰富的光热资源，为核桃创造了一个较理想的小生态环境。通过修筑梯田，可以变坡地为大小不等的台地，减缓坡度，缩小集流面，削减径流量，可有效地防止水土流失；有效增强土壤保水、保肥能力，提高种植面上的气温和生长季积温，减少核桃冻害的发生。

梯田具有等高走向的特点，便于果园土壤改良及精耕细作，也为设置排灌系统及机械管理创造了条件。山地核桃园的梯田阶面不能绝对水平，以有利于排出过多的水分。在降水充沛、土层深厚的地区，可设计内斜式阶面；降水少、土层浅的地区，可以设计外斜式阶面，以调节阶面的水分分布，并有利于土壤改良。

修梯田时，需用水准仪等仪器测量高度，以选择一个有代表性的坡面，沿坡向选一基线，在此基线上进行等高测量，以确定梯田阶面的大小和梯田高度。据经验，坡度小于10°，阶面宽度可达12～15米；坡度为10°～20°时，阶面宽约8～10米；超过20°的坡度，阶面宽约4米。通过测量确定了基线和阶面宽度后，应据等高线来确定梯田的边埂线，采取里切外填的方法进行整地。在坡大石多的山区，可修筑石壁梯田，坡度缓又缺少石头的丘陵区，可以修筑土壁梯田。施工时壁基要开挖到硬底或生土层上，并填土夯实，使其底坚硬，保证梯壁牢固。为了很好地保持水土，梯田阶面应外高内低，在梯田阶面内侧挖一条背沟，用以排水，沟内隔3～4米距离挖一小蓄水坑，借以蓄洪拦水，减缓流速，使雨水能慢慢渗入土中，增加土壤持水量。在近出水口处开挖旱井蓄水。

2. 等高撩壕 这是我国北方丘陵山区采用的一种简易的水土保持方法，适于坡度缓而降雨较少的地区。撩壕做法是：在沿等高线测量的基础上，隔一定距离沿等高线撩土开壕，将土放在沟的外沿筑壕，使壕断面与外沿断面连续成正反弧形。核桃种植于壕外坡上，在壕沟内，又可每隔一定距离横筑一土坝以拦蓄雨水，防止水土流失。由于壕的土层较厚，沟旁水分较多，幼树的生长发育好，但是撩壕在沟内及壕的外沿皆增加了坡度，使两壕之间的坡面比原坡面更陡，增强了两壕之间土壤被冲刷的可能性。通过等高撩壕，变长坡为短坡，变雨水直流为横流，如在壕顶、树行间及沟内人工种植草类或矮秆作物，可以收到更好的水土保持的效果，撩壕有削弱地表径流、蓄水保土、熟化土壤等作用，耕种一段时间以后，根据具体情况，逐步将撩壕改造成复式梯田，以利核桃正常生长结果，并防止雨水冲刷。

3. 开挖鱼鳞坑 山坡地的水土保持工程，依坡度大小可采用不同方式，坡度在5°～15°的地方可以撩壕，15°以上的可修筑梯田，当坡度超过25°时则可挖鱼鳞坑。鱼鳞坑可按品字形布置，做法是沿等高线开挖半圆形的坑，用石块或心土培外埂，埂高 30～40 厘米，坑深 1 米以上，直径 2 米，坑距根据定植密度要求而定，表土、心土分别堆放。坑的左右角各开一小沟，以便引蓄径流。填坑时坡面表土全部回填，坑面向内倾斜，核桃树以后种植于坑内的外侧，以后随核桃树的生长，逐年加培外沿土埂，使其逐步过渡成小坡梯田。

4. 隔坡集蓄径流水平沟 在 13°～30°的缓坡地，沿等高线按沟距 6～7 米在坡面划线，秋季沿线开挖宽 1 米，深 80 厘米的沟。开沟时，表土层 0～20 厘米厚的熟土放坡面上方，沟内 20 厘米以下的生土挖出下翻垒埂，上翻的熟土连同坡面表土加混有机肥回填沟内，并整成里低外高沿等高线延伸的水平沟，外埂拍实，埂高 30 厘米，以便蓄水。沟内隔一定距离作横挡土坝防止降雨集水后雨水顺沟流动，使沟中水分分布均匀。

按埂高 0.3 米的水平沟可以保证坡面径流的安全集水，防止了水土流失。这种方式若和地埂生草等生物措施结合，防止水土流失的生态效益会更好。

5.2 科学栽植

5.2.1 环境条件的营造

核桃具有强大的根系，在核桃建园栽植前，不论山地、坡地、沙地或盐碱地，为满足核桃生长发育的需要，均需提前将土壤准备好。土壤准备主要包括平整土地、修筑梯田及水土保持工程的建设等，在此基础上还要进行定点挖坑、深翻熟化改良土壤、增加有机质等各项工作。在平整土地、修筑梯田、建好水土保持工程的基础上，按预定的栽植设计，测量出核桃的栽植点，并按点挖栽植穴。栽植穴或栽植沟，应于栽植前一年的秋季挖好，使心土有一定熟化的时间。栽植穴的深度和直径为 0.8～1 米，密植核桃园可挖栽植沟，沟深与沟宽为 0.8～1 米。无论穴植或沟植，都应将表土与心土分开堆放。沙地栽植，应混合适量黏土以改良土壤结构，或将腐熟秸秆与沙土混合。如果要在土层很薄的丘陵山地或沙滩地建园时，应采用客土、增施有机肥等方法改良土壤。应加大定植穴，并采用客土、掺沙、增施有机肥、填充草皮土或表土的方法来改良土壤质地，为根系的生长发育创造良好的条件。实践证明缓坡面整地宜采用“径流作业”整地的办法，要求整好产流面，并做到光洁、坚实，集流坑（定植坑）要求1米见方，并将产流面的熟土杂草全部填坑内，增加坑内有机质。径流整地最好在头年夏、秋季和次年春季进行。经过一个雨季，集流坑充分截流拦蓄雨水后栽植效果最佳。

定植穴挖好后，将表土、有机肥和化肥混合后进行回填，回填时可结合施肥进行。实践证明，大坑有利于根系和树体的生长发育，小坑则抑制树体的生长，故在条件较好的地区应挖大坑栽植。但如果风沙大的地区，大坑不利于保墒，宜采用小坑栽植。在地下水位高或低湿地建园，应先改善全园排水状况，降低水位，再挖定植沟或定植穴。

肥料供应是核桃生长发育过程中不可缺少的措施。有机肥能提高土壤腐殖质含量，增加土壤孔隙度，改善土壤结构，提高土壤的保水和保肥能力。在核桃栽植时，施入适量有机肥作底肥，能有效促进核桃的生长发育，提高树体的抗逆性和产量。如果在施入有机肥的同时，加入适量的磷肥和氮肥效果会更好。可按每株50～100千克或每公顷30～60吨的数量，分别堆沤腐熟。同时，按每株0.5～1千克准备好所需的磷肥。如果所用的底肥以秸秆为主，还应混入0.1～0.2千克的氮肥，以促进秸秆分解。无公害栽植要尽量避免使用重金属超标的劣质磷肥。

5.2.2 品种选择

1. 品种类型与授粉树配置 品种是果树优质、丰产的基础。品种选择是核桃发展的关键环节，品种选择得当，就可以达到丰产、优质、高效益的目的，反之，由于坐果率低或品种不适应、不对路会造成很大损失。选择的品种必须是在当地经过一定时间栽培试验，证明是否为优良品种。

目前，经过国家、省级鉴定或审定的核桃品种分为早实和晚实两个类型。早实核桃品种一般结果早、丰产性强，但对栽培条件要求严格，如果立地条件差，管理跟不上，不施肥、不修剪，结果4～5年后容易早衰直至死亡。因此，早实核桃品种最好在立地条件好的地方发展；立地条件差，管理粗放的地方应该选择晚实核桃品种。

核桃具有雌雄异熟、风媒传粉、传粉距离短及坐果率差异较大等特点，为了创造良好的授粉条件，要选择适宜的授粉品种。一般建园时应根据核桃品种的雌雄花期选择3～4个主栽品种（表5-1）。如果田边地埂50米范围内有实生大树，可适当保留2～3株，建园时可以不考虑授粉问题，因为实生树树大花多，上下差异大，加之雄花散粉期较长，一般可保证授粉需要。

原则上讲，主栽品种与授粉品种的比例为6～8∶1。主栽品种同授粉品种的最大距离应小于100米，平地栽植时，可按4～5行主栽品种，配置1～2行授粉品种，而山地、梯田可根据上述原则灵活掌握，保证授粉品种的盛花期同主栽品种的盛花期相一致，授粉品种的坚果品质也要优良。

表5-1　主要核桃品种的适宜授粉品种

主栽品种	授粉品种
晋龙1号、晋龙2号、晋薄2号、西扶1号	京试6、扎343、鲁光、中林5号
绿岭、香玲、西林3号	鲁光、中林3号
京试6号、鲁光、中林3号	晋丰、薄壳香
中林5号、扎343	薄丰、晋薄2号
中林1号	辽核1号、中林3号、辽核4号
薄壳香、晋丰、辽核1号、薄丰、新早丰、西洛1号、西洛2号	扎343、京试6号

2. 苗木准备 苗木质量的好坏，不仅影响建园时的成活率，而且关系到以后结果的迟早、产量高低，影响到建园的经济效益。所以要对苗木把好质量关。高质量苗木的标准是，主根发达，侧根完整，无病虫害，分枝力强，枝条充实，芽体饱满。采用优良苗木，应于栽植前进行品种核对、登记、挂牌，发现差错应及时纠正，以免造成品种混杂和栽植混乱；还应对苗木进行质量检查和分级。合格的苗木应根系完好、健壮、枝粗节间短、芽子饱满、皮色光亮、无检疫病虫害，并达到国家标准。最好用2～3年生壮苗，苗高1米以上，干径不小于1厘米，而且须根要多。对不合格、质量差的弱苗、病苗、畸形苗应严格剔除或淘汰。经长途运输的苗木，因失水较多，应立即解开包装浸根一昼夜，待苗木充分吸水后再行栽植或假植。也可用ABT生根粉溶液浸泡3小时后再行栽植，这样会大大提高栽植成活率。

如果建园面积大，生产上应推广就地育苗、就地栽植的做法。如需外地购苗时，要加强保护，防止风吹日晒苗木失水，保证苗木的安全运输，并注意品种不能混杂。

5.2.3 栽植技术

1. 栽植时期 核桃树的栽植可分为春栽和秋栽两种。秋栽是指秋季苗木落叶后到土壤封冻前进行栽植。春栽是在土壤解冻后到春季苗木萌芽前进行栽植。过去核桃一般采用春栽，但在我国华北丘陵山区，春旱严重，核桃根系生长缓慢，春栽影响当年生长量，应提倡秋季栽植，即落叶后至土壤上冻前。秋栽的好处是，秋季落叶后地温下降不是很多，土壤湿度较大，栽上以后有利于根系伤口当年愈合，通过土中一个冬季的养根，来年春季可及早开始生长，缓苗期短，成活率高，发芽早。秋栽一般需防寒，否则新栽树易受冻害，影响成活率，如果防寒做得好，可以避免春栽时间集中、干旱少雨、缓苗慢等问题，可以使幼树提早萌动，延长生长期。

在冬季气温低、风大、冻土层较深的地区，可以进行春栽，应当在土壤解冻后及早进行，要强调栽时灌水保墒，防止苗木失水。春栽能有效防止秋季栽植后所栽苗木的抽条和冻害。

2. 栽植密度 栽植密度应根据立地条件、栽培品种和管理水平而定，合理密植可增加叶面积、充分利用光能，提高土地利用率。栽植密度的总目标应使单位面积上能够获得较高的产量和经济效益。早实品种树冠较小但结果早，产量较高；晚实品种树冠大，但结果较晚，产量相对较低。因此，用早实品种建园时，其栽植密度应大于晚实品种。通常，晚实核桃的株行距，可以采用6～8米×8～9米；早实核桃的株行距，可采用3～4米×4～6米。不同地势、土壤和气候条件而言，在地势平坦、土层深厚、肥力较高的土壤上建园，核桃的长势强，生长量大，易于形成大树冠，株行距应大些；在土壤和气候环境条件较差的土壤上建园，易于形成小树冠，株行距应小些。对于栽植于田埂、地边、堤堰和以种粮食为主的地块，实行果粮间作的，株行距可以灵活掌握，其株距一般为8～10米，行距视地块的宽窄而定，一般为20～30米。山地梯田栽植核桃，多为一个台面栽一行，台面宽度大于10米时，可栽植2行，株距为5～8米不等。平原一般按长方形栽植，山地、丘陵地以梯田田面为准，按等高栽植。

3. 栽植方法 栽植前，对苗木根系进行修整，剪除死根、伤根，在清水中浸泡1天，栽前根系要蘸泥浆（拉泥条），使根系充分吸水，这样才能保证成活和旺盛生长。科学的栽植方法首先是保证成活率，建园时栽好树不仅提高了成活率，还有利于早期的生长发育。栽植前，先要根据选定的栽植密度，用标杆、测绳、白灰标好定植点，再挖定植穴，穴的大小一般要求长1米、宽1米、深1米，山地核桃园的定植穴为直径0.8～1米的圆穴，穴深1米，挖穴时将表土与底土分开堆放，水利条件较好的地区可提前挖好穴，使下层土壤充分熟化，干旱少雨且无灌溉条件地区在定植时随挖随栽，尽量保墒。挖穴时遇石砾层或黏重土层，应加大开挖量，采取客土入穴的办法，改良土壤，可用炸药放“闷炮”的形式定点或定线爆破，增厚土层后挖穴定植。

定植时，坑中应施农家肥30～50千克，与表土混匀将一多半填回坑底，踩实使中央成突起丘顶状，有条件时还可每坑加0.5～1千克磷肥（过磷酸钙）混匀。栽时将苗放坑中央，根系向四周分布，然后边填土边轻提苗，踩实，使根系与土壤充分密接。填土时要分层踩实，要求在浇水塌实后苗木的栽植深度正好为苗木在苗圃的生长深度或稍高于地面，一般起苗时苗木上的土印可作为栽植深度的标志。栽植过深过浅都不利于核桃的成活和生长。栽后应及时灌水，干旱地区要注意保墒，可采取以苗木为中心树盘周围覆盖1～1.5米^{2}的地膜，地膜周围要用土压实，防止被大风吹起。

5.2.4 栽后管理

栽植后必须灌一次透水，两周后再灌一次透水，可提高栽植成活率。此后，如遇高温或干旱还应及时灌溉。水源不足的地区，栽植并灌水后，立即用秸秆或地膜等覆盖树盘，以减少土壤水分蒸发。在春、夏两季，结合灌水，可追施适量化肥，前期以追施氮肥为主，后期以磷、钾肥为主，也可进行叶面喷肥。

1. 检查成活与补栽 正常情况下春季栽植后1个月幼树即可萌动，地上开始发芽，地下根系也开始生长。但由于各种原因有少量植株不萌芽，茎干失水严重，最后死亡。秋季栽植的一些树在生长季节来临时，虽暂不萌芽，但干茎仍新鲜有水分，则不能判断为死亡，这些树过一段时间可能还会萌动。对于已经判断为死亡的树要及时补栽。

2. 定干 已栽植成活的幼树，如果树高长到1米以上，要按整形要求及时进行定干。确定定干高度时，要同时照顾到品种特性、栽培方式及土壤和环境等条件。早实核桃的树冠较小，定干高度以1.0～1.2米为宜；晚实核桃的树冠较大，定干高度一般为1.2～1.5米；有间套作物时，定干高度为1.5～2.0米。栽植于山地或坡地的晚实核桃，由于土层较薄，肥力较差，定干高度可在1.0～1.2米。

北方春季山坡地，在草木萌芽期常有大量黑绒金龟子啃食核桃树嫩芽，影响核桃的生长，可用塑料薄膜自制或购买50～60厘米长、4～5厘米宽的长袋套于苗干上，加以保护。苗木萌发生长之后，要及时在塑袋顶部和底部剪口放风，展叶后取下长袋。

3. 加强树体保护

（1）防治病虫为害　幼树萌芽展叶后，常易遭受蚜虫、红蜘蛛、金龟子和潜叶蛾等的为害，应及时采取相应措施予以防治。

（2）幼树防寒　我国华北和西北地区冬季气温较低，栽后2～3年的核桃幼树，经常发生“抽条”现象，而且地理纬度越靠北，“抽条”越严重。发生“抽条”的主要原因是树体越冬准备不足，冬季气温较低，土壤水分冻结，核桃根系吸收水分困难，而早春气温回升较快，空气干燥多风，枝条水分蒸腾量大，导致树体地上部水分收支不平衡，发生生理干旱而“抽条”，“抽条”现象多发生在2～3月份。对于新建核桃园，春栽地区，栽树后为防止茎干严重失水，可采取各种保护措施，树干上喷涂石蜡乳化液最好，107胶（聚乙烯醇）效果也不错，或水胶黏土防冻液、茎干上套上细长的塑料袋，都有一定效果。若是秋栽地区，在封冻前应将苗木埋土越冬，覆土厚应为20厘米左右。春季气温回升至15℃左右时及时出土，并注意苗木浇水保水，以提高定植成活率。

对于已经成园的核桃幼树防止“抽条”的根本措施：一是提高树体自身的抗冻性和抗“抽条”能力。按照前促后控的原则，注意加强肥水管理，7月份以前以施氮肥为主，7月份以后以磷肥为主，并适当控制灌水。在8月中旬开始对正在生长的新梢采取多次摘心并控制开张角度等措施，并在9月上中旬，喷2次

0.5%的磷酸二氢钾，可有效控制枝条旺长，增加枝条的充实度，增加树体的贮藏营养和抗性，此阶段要及时防止大青叶蝉在枝干产卵为害。11 月上旬灌一次透水，可有效提高土壤的含水量，减少“抽条”的发生。二是对树体进行越冬保护也能够有效防止幼树“抽条”的发生。对于 1～2 年生的幼树，最安全的方法是在土壤结冻前，将苗木弯倒全部埋入土中，覆土厚 30～40 厘米，第二年萌芽前再把幼树扒出扶直。不易弯倒的幼树，可采用地膜、稻草严密包扎，减少核桃枝条水分的损失，但若仅用地膜包扎，外层最好用报纸遮阳，避免冬季中午时强光照射引起的“温室效应”灼伤树体。也可通过营造防护林、树干涂白以及在树干西北侧 50 厘米处培高 60 厘米、长 120 厘米月牙埂或树下盖地膜的方法，改善树体周围和根际小气候，促进根系活动，避免“抽条”发生。

6 整形修剪技术

6.1 整形修剪的意义

6.1.1 目的

整形修剪是核桃栽培管理中一项重要的技术措施。整形就是在树冠形成过程中，有目的地培养具有一定结构，有利于生长和结果的良好树形。修剪是在整形的基础上，进一步培养和完善合理的树体结构，调节生长与结果之间的矛盾。在整形修剪时，依据核桃树自身的生长特性，结合自然条件和管理技术，合理地进行整形修剪，可以形成良好的树体结构，使骨架坚固，并能使树势健壮中庸，枝条疏密适宜，改善树体的通风透光条件，促进开花结果，达到幼树早果、丰产、大树延长盛果年限的目的。

整形修剪的作用有以下几点：

1. 形成丰产的树体结构 通过整形建造合理的树体结构，并使各类枝条配置科学、结构合理、丰满紧凑、提高树体的负载结实能力。

2. 改善树体的通风透光条件 修剪可以疏除过密枝条，调整枝条的着生角度和方向，使枝条有计划地合理配置，主从分明、通风透光，有利于树体的生长发育和减少病虫为害。

3. 调节生长势，经济利用养分 通过整形修剪，可以调节树体养分的运转，做到经济利用，使弱树强壮、旺树转缓、老树复壮，促进花芽的形成和坐果，延长结果年限。

6.1.2 原则

因树修剪，随枝作形；有形不死，无形不乱；平衡树势，主从分明；轻剪为主，轻重结合；因地制宜，注重效益。

果树发展的不同时期，由于密度、品种、栽培技术的发展等，都会有一定的标准树形。但在具体修剪中，必须依其树体长相，随树就势，诱导成形。主、侧枝合理安排，均衡树势，使生长与结果长期处于平衡状态之中。

6.1.3 依据

1. 依据品种特性修剪 品种不同，生长与结果习性不同，修剪反应不同，修剪技术措施就不同。

2. 依树龄长势修剪 果树的年龄时期不同，长势不同；立地及管理条件不同，长势也不同。树龄越小，长势越强，修剪应越轻；树龄越老，长势越弱，修剪则宜重。

3. 依不同修剪反应修剪 同一品种由于枝条类型、着生部位、枝态平直、生长势力以及短截修剪程度不同，修剪后的反应各不相同，修剪时必须依其反应规律，采取相应的修剪措施。

4. 依立地条件和管理水平修剪 在不同的立地条件、环境条件和管理水平下枝芽的生长发育差异很大，应依其具体情况采取相应的修剪措施。

6.1.4 整形修剪的变化趋势

随着生产和科学技术水平的发展，核桃整形修剪时期、修剪技术等也发生了变化。

1. 栽培密度和树形的变化 主要表现在由乔化稀植向矮化密植的方向发展，树形由大冠形向小冠形发展，由多级次、多层次的树形结构向少级次、少层次的树形结构发展，核桃树的小冠疏层形、纺锤形逐渐代替了以前的疏散分层形。

2. 修剪技术的变化 由过去的烦琐修剪向简化修剪方向发展，由重剪向轻剪，由单用剪子向刀、剪、锯、药剂化控和手工扭、摘、刻、剥、拿等综合技术运用上发展。

3. 修剪时期的变化　由过去的注重冬季修剪、忽视夏季修剪向冬、春、夏、秋四季修剪发展，而且注重修剪技术的综合配套应用。

6.2　常见树形及整形技术

合理的树形是树体的骨架，是负载产量的基础，是丰产、优质、高效的基本条件。整形的目的就在于造成坚实的树体骨架，保证叶幕能最大限度地截获光能和负载较高的产量。合理的树形应符合早果、优质、丰产、易管理、高效益的要求。具体树形的确定，应根据立地条件、管理水平、品种特性及栽培方式等而定。

随着当前果树生产上出现的树体由高变矮、密度由低增高、树形由繁为简的变化趋势，果树的树形结构发生了较大的变化，以个体较小、结构简单的树形代替了以前大冠稀植条件下各种树形，其目标就是充分合理地利用空间，获得最佳的群体效益，培养合理健壮的结构，保持恒稳树势，使之能承载较大的产量。

核桃枝芽的异质性很强，任其自然生长很难形成一个良好的树形。尤其是早实核桃，因其分枝力强，结果早、易发二次枝，更容易造成树形紊乱。因此，在核桃的栽培管理中，一定要重视幼树整形工作。

我国目前核桃树形主要有两类，即以疏散分层形为代表的主干形和自然开心形为代表的开心形。疏散分层形树形有明显的中心领导干，一般有6～7个主枝，分2～3层螺旋形着生在中心领导干上，形成半圆形或圆锥形树冠。该树形适于生长在条件较好的地方和干性强的稀植树。自然开心形无中央领导干，一般有2～4个主枝。其特点是成形快，结果早，各级骨干枝安排较灵活，整形容易，便于掌握。幼树树形较直立，进入结果期后逐渐开张，通风透光好，易管理。在土层较薄、土质较差、肥水条件较差地区栽植的核桃早实品种适用该树形。根据主枝的多少，开心形可分为两大主枝、三大主枝和多主枝开心形，其中以三大主枝开心形较常见；又依开张角度的大小可分为多干形、挺身形和开心形。

在生产实际中，可根据品种特点、栽植方式、立地条件、管理水平等选择合适的整形方式。一般情况下，早实核桃干性弱，宜用开心形，晚实核桃干性强，宜用主干形；稀植时可用主干形，密植时可用开心形；山地栽培生长弱，易培养成开心形，平地及管理水平较高的条件下，生长势较强，可培养成主干形。核桃树整形总的原则是；“有形不死，无形不乱；因树修剪，随枝作形”。

6.2.1 疏散分层形

疏散分层形特点是有明显的中央领导干，主枝5～7个，分层着生在中心主干上。成形后树冠高大，枝条多，负载量大，产量高（图6-1）。适于生长在条件较好条件的稀植大树定形。但盛果期后易郁闭，内膛易光秃，产量下降。

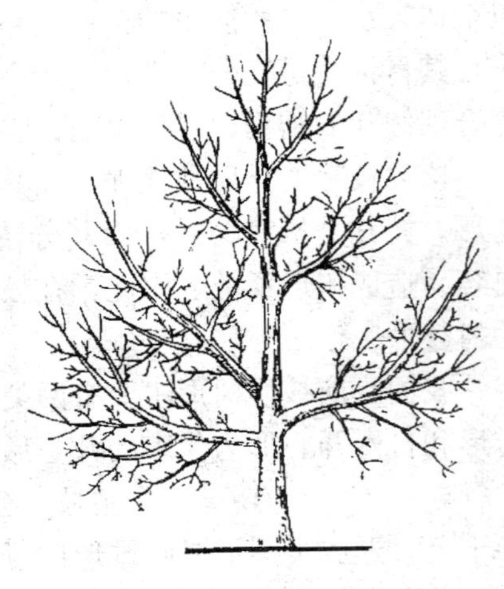

图6-1 疏散分层形

1. 定干 核桃定干高度（图6-2）依土层厚薄、肥力高低、不同品种类型以及有无间作物而定，晚实核桃一般定干高度1.2～2米，如行间间作或如种植果材兼用品种，亦可定干稍高（1.5～2.0米）。山地土瘠薄、肥力低宜培养小树冠，定干高度以1.0～1.2米为宜。早实核桃树冠较小定干高度以1米为宜，立地条件较好可按1.2米定干，定干过高，树冠小，不易控制，产量低。

2. 中央领导枝和主枝的选留　定干后长出分枝开始选留中心干和第一层主枝。作为中心干应选长势较壮，直立生长的最上一枝进行培养，并按不同方向选留 3 个邻近枝条作第一层主枝，基角不小于 60°，角度小时，应进行调整。栽后 4～5 年，早实核桃 3～4 年，选留第二层主枝 2 个，使上下两层主枝间间隔距离不小于1.5～2.0 米（早实核桃 1～1.5 米），以免影响通风透光，栽后5～6 年选留第三层主枝 1～2 个，保持第二层和第三层间距 0.8～1 米（早实核桃 0.5～0.8 米）各层主枝上下错开，插空选留，避免重叠。

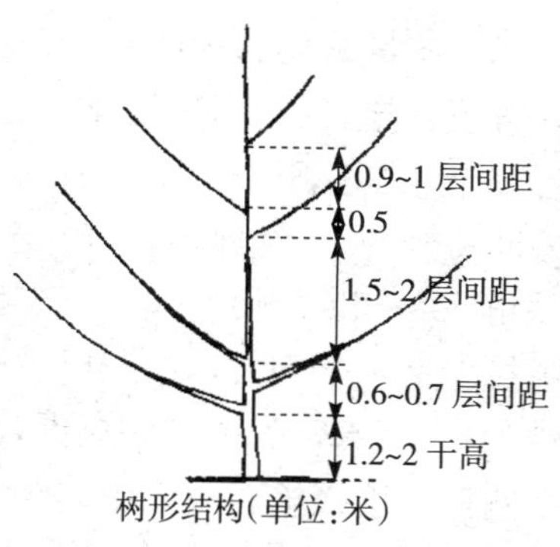

图 6－2　疏散分层形树形结构

3. 侧枝的选留　侧枝是着生结果枝的重要部位，要求分布适当合理。第一层主枝各选留向外斜生的侧枝 3～5 个，第二层主枝各选留 2～3 个，第三层主枝各选留 1～2 个，基部主枝上的第一侧枝应距中心干 1～1.5 米（早实核桃 0.5 米左右），忌留“把门侧”和“背后侧”，以防“卡脖”和旺长夺头，影响主枝生长。在第一侧枝对侧留第二侧枝，距第一侧枝 0.5 米左右，距第二侧枝 0.8～1.2 米，留第三侧枝，充分占据空间，避免密挤。背后枝的处理：核桃易出现背后旺长枝，控制不及时，容易与延长枝竞争“夺头”，造成枝头生长变弱，不利整形。对背后枝可以根据具体情况加以处理，如背后枝已超过原头，且方向好，有培养前途，可以取代原头；二者长势相似，应及早疏除背后枝；如背后枝较弱，且已着生花芽，可暂时保留使其结果，以后改成为结果枝组。

6.2.2 小冠疏层形

小冠疏散分层形树体一般干高30～40厘米，全树5～6个主枝，方位互错，分2～3层排列在中央干上，即第一层3个，第二层2个，第三层1个；主枝层内距10～20厘米，第一至第二层层间距为60～70厘米，第二至第三层层间距50～60厘米，主枝基角50°～60°，腰角60°～70°，第一层留1～2个侧枝，第二层主枝上留1个侧枝，第三层主枝可作为大型结果枝处理。侧枝间距为40厘米，为了使树冠更矮小，可留1～2层主枝，主枝上不留侧枝而直接培养大、中、小结果枝组。成形后，树高应控制在2.5～3.5米，冠径达到3米左右呈扁圆形即可。此种树形树冠中等大小，定形容易，主枝多而分层着生，通风透光好，树势强健。进入结果期早，适宜密植栽培。缺点是对干性弱的品种整形困难。栽植行适宜株距5～6米×3～4米。

6.2.3 自然开心形

自然开心形树体较大，结构简单，整形容易，主从分明，结果枝分布均匀，树冠内膛光照好，枝组寿命长，通风透光好，结果品质高，成形快，进入结果期早，适宜于土壤瘠薄、肥水较差的山地采用。缺点是主枝易下垂，不便于树下管理，寿命较短（图6-3）。

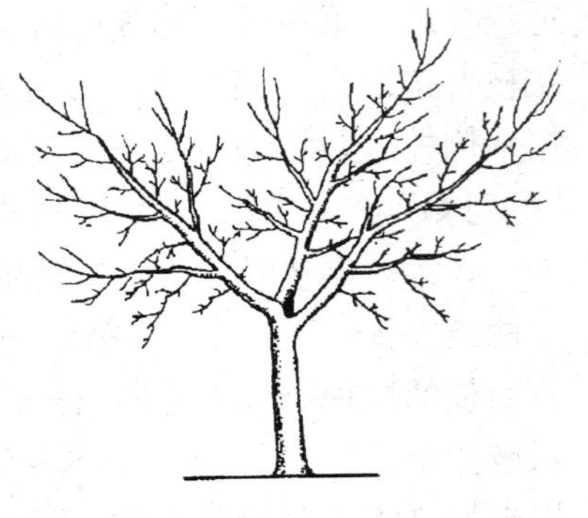

图6-3 开心形

定干：定干高度70～100厘米。较疏散分层形稍矮，定干方法相似。

主枝的选留：在整形带内，按不同方位选留2～4个枝条或已萌发的壮芽作为主枝，主枝间距20～40厘米。主枝可一次选留，也可分两次选定。各主枝的长势要接近，开张角度要近似(一般为60°以上)，以保持长势的均衡。

侧枝的选留：各主枝选定后，开始选留一级侧枝，由于开心形树形主枝少，侧枝应适当多留（3个左右)。各主枝上的侧枝要上下错落，均匀分布。第一侧枝距主干距离可稍近些，晚实核桃60～80厘米，早实核桃40～50厘米。晚实核桃六七年生、早实核桃五六年生时开始在一级侧枝上各选留二级侧枝1～2个。至此，开心形的树体骨架基本形成（图6-4)。

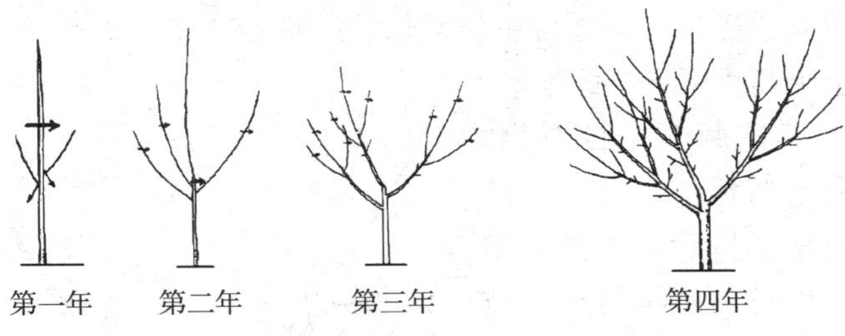

图6-4 开心形整形过程

6.2.4 延迟开心形

延迟开心形是一种改良树形，主枝有明显的层次，主干高度为70～80厘米，主枝5～6个，均匀分布在主干上，最上部一个主枝呈水平状或斜生，树体定形后将最上部一个主枝去掉，呈开心状。元丰、鲁光等早实品种由于干性较差，树姿开张，宜采用延迟开心形。

整形过程：

定干：定干高度60～80厘米。

主枝选留：在整形带内选留3个主枝，平面夹角为120°，各主枝间距20～30厘米，第二层主枝距第一层主枝间距为20～30厘米，选留2～3个主枝。每个主枝上着生2～3个侧枝，其上再培养结果枝组。在整形过程中应及时牵引主枝开张角度，以平衡各主枝间生长势。

各主枝和侧枝的选留要上、下左右错开，保证分布均匀。树体高度控制在 2.5 米左右，在树体达到要求时疏除中央领导干，使树形成为延迟开心形。

6.2.5 双主枝 V 字形（两主枝开心形）

一般干高 40～60 厘米，上留 2 个主枝对生，主枝向行间延伸，每个主枝上培养 2～3 个侧枝，交错配置，侧枝上着生大、中、小枝组。该树形结构特点是低干矮冠、骨架牢固、树冠开张、通风透光良好。适合密植栽培，行株距 4 米×2 米。

定干高度 40～60 厘米，主干上选留两个主枝对生，主枝向行间延伸，其余萌芽和枝条全部抹除，促进选留枝条的生长。次年冬天主枝剪留 60～70 厘米，各枝条剪口芽的选留要相互照应，基本趋向外侧，不能留同一侧。主枝的延长枝剪留 30～40 厘米，第一侧枝剪留40～50 厘米，其上培养 2～3 个小侧枝，交错配置（图 6－5）。

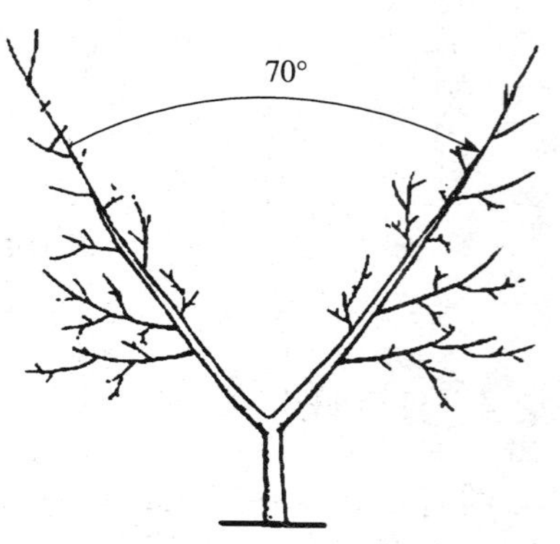

图 6－5　两主枝开心形

6.2.6 自由纺锤形

在密植栽培条件下，对生长势强、树姿直立的品种如香玲、辽核 4 号、鲁光，采用自由纺锤形。其树形是：干高 0.6 米，干上从下而上每隔 30 厘米留一主枝，螺旋排列，树高 4 米左右，其上分布 10 个左右主枝，主枝角度 70°左右，应比苹果树角度小，主枝上直接分布结果枝组。此树形大枝少，结果部位多，有利于早期丰产，抗风能力强。树形小适合密植栽培，行株距 4

米×3米。

整形方法是：栽植后定干高度80～90厘米，剪口下有4～8个饱满芽，定干当年可抽生5个左右新梢，5～6月份剪口下第一新梢留作中心领导枝，选分布均匀、生长旺盛的侧枝作主枝。第二年中央延长枝留60厘米短截，其他主枝留40～50厘米短截并拉枝，角度60°左右。当中央延长枝长到60厘米时，留50厘米左右摘心促分枝，其上选留角度良好的作为主枝，秋季主枝拉枝角度到70°左右。第三、四年中央干和主枝修剪同第二年，其余枝若密挤应疏除，这样到第四年树高能达到4米左右，中央干上分布10个左右主枝，基本成形。随着树龄增加和树势稳定，应及时落头开心，以改善内膛光照条件。

6.2.7 自然圆头形

无明显中心干，定干后选留4～6个主枝错落分布，最上部一个主枝直立生长，其余按45°～60°开张延伸，主枝剪留长度50厘米左右，每一主枝留2～3个侧枝，侧枝上再留各类枝组，也可用大型枝组代替侧枝。枝组着生方向要求不太严格，只要不影响主、侧枝生长即可。

该种树形容易整形，修剪量小，成形快，结果早，丰产性强，宜于密植和小冠栽培。但因主枝分布在一层，后期容易密闭，树冠内膛枝条容易枯死光秃，结果部位外移。

6.3 主要修剪反应

6.3.1 核桃枝条的生长特性

核桃干性较强，成枝力强，萌芽力弱，分枝角度大。除幼树枝梢生长较为直立外，成年树枝条一般多横向生长，分生角度大，树冠开张。进入盛果期，枝条渐渐下垂。核桃枝条每年生长有两次高峰，形成春、秋梢。

根据枝条的不同特性，可分为营养枝、结果枝和雄花枝。

营养枝根据枝条生长势可分为发育枝、徒长枝和二次枝。发育枝顶芽和侧芽均再形成叶芽，是扩大树冠和形成结果枝的必要基础，健壮的发育枝易形成混合花芽，次年抽生结果枝。徒长枝多数由休眠芽（或称潜伏芽）萌发而成，节间长，叶腋间为叶芽，也有发育质量较差的花芽，不易坐果。

结果母枝和结果枝：着生混合芽的枝条称为结果母枝。由混合芽萌发出具有雌花并结果的枝称为结果母枝。结果母枝的长度依树势强弱而有不同，短者 5 厘米，长者可达 40 厘米以上，按结果枝的长度可分为长果枝（>20 厘米）、中果枝（10～20 厘米）和短果枝（<10 厘米），但结果枝长短常与品种、树龄、树势、立地条件和栽培措施有关。结果枝上着生混合芽、叶芽（营养芽）、休眠芽和雄花芽，但有时缺少叶芽或雄花芽。结果枝以长度 10～20 厘米、粗度为 1 厘米的为最好，其坐果率较高，连续结果能力较强。健壮的结果枝顶端可再抽生短枝（尾枝），多数当年亦可形成混合芽。早实核桃可当年形成当年萌发，当年开花结果，称为二次花和二次果。结果母枝如任其自然生长，则连续结果几年以后，生长趋于衰弱，结果能力下降，并出现隔年结果现象，或者完全丧失结果能力，最后干枯死亡。因此，对于结果母枝，应根据生长情况适当修剪，以便恢复生长，提高结果能力。

雄花枝：枝较短而弱，一般长仅 5～7 厘米，有时达 10 厘米左右，节间很短。芽密生，顶芽为叶芽，侧芽多为雄花芽。大多发生于 2 年生枝的中、下部或老树的内膛。雄花序脱落后，除保留顶叶芽外，全枝光秃。

6.3.2 与修剪有关的生长及结果习性

1. 芽的异质性和分枝强弱 芽的异质性指同一枝条上不同部位的芽在发育过程中由于所处的环境条件不同以及枝条内部营养状况的差异，造成芽的生长势以及其他特性的差别。枝条不同部位的芽体由于形成期不同，其营养状况、激素供应及外界环境条件不同，造成了它们在质量上的差异，称为芽异质性。如枝条基部的芽发生在早春，此时正处于生长开始阶段，叶面积小，气温又低，芽质量较差。枝条如能及时停长，顶芽质量最好。腋芽质量主要取决于该节叶片的大小和提供养分的能力，因为芽形成的养分和能量主要来自该节上的叶片，所以一般枝条基部和细梢部芽的质量较差。修剪剪口芽的选择上主要利用芽的异质性。

核桃是雌雄异花同株植物。芽可分为叶芽、雌花芽、雄花芽和休眠芽几种。

雌花芽（混合芽）：多着生于枝先端1～3节。形态上的特点是：芽体最大，球形，鳞片紧包，芽顶钝圆。雌花芽萌发后，先抽结果枝，再于结果枝顶端着生1～3朵或更多的雌花，并开花结果。早实核桃的混合芽，除着生于1年生枝顶端外，侧芽也有混合花芽，一般为2～5个，最多可达20个以上；晚实核桃多着生于1年生枝顶端或其以下的1～2个芽，单生或与叶芽、雄花芽叠生于叶腋间。萌发后抽生结果枝，在结果枝的顶端，着生雌花序开花结果。

雄花芽：一般着生在枝条顶芽以下的2～10节，芽体为长椭圆形，鳞片很小，不能覆盖芽体，所以又称裸芽。雄花芽是纯花芽，萌发后仅抽生雄花，呈柔荑花序，不生枝叶。较长的雄花序可长达12厘米以上，有雄花100多朵，产生大量淡黄色的花粉。

叶芽：也称营养芽。多着生在枝条顶端或结果枝的混合芽以下，枝条的各节上都可能着生叶芽。顶生叶芽的芽体较大，侧生叶芽的芽体较小，叶芽萌发后抽生发育枝。位于枝条上部的叶芽，在营养条件良好时，能抽生充实健壮的新梢并能转化为结果母枝。枝条中、下部较小的叶芽，多不萌发呈休眠状态。这样，核桃树的发育枝其发枝情况是顶芽发长枝，其下发短枝，中下部为光秃带，多年生长就使枝位上升，结果部位外移。

潜伏芽，也就是休眠芽。是叶芽的一种。多着生于枝条基部，芽体小，呈圆形，一般不萌发，生命力可维持数十年至百余年，随着枝干的增粗，渐被埋入树皮中，遭受刺激时，可以萌发抽枝，用于更新复壮。

核桃顶芽的性质因树龄不同而有差异。幼树顶芽萌发后，生长量大，形成骨干枝，构成树冠。进入结果期后，多数顶芽形成混合芽，可抽枝延长生长，少数顶芽仍继续抽枝结果，扩大树冠。核桃的顶芽有真假之分，凡未着生雌花者，其顶芽为真顶芽；枝条顶端生有雌花者，结果后不能继续抽枝生长，其顶芽被称为假顶芽。假顶芽是由雌花芽下第一侧芽的基部伸长而形成；真顶芽较易形成混合芽，坐果率也较高。

核桃的复芽生于枝条叶腋间，上下排列，也称纵排列，上芽为主芽，下芽为副芽。其排列方式以叶芽、雄花芽及两雄花芽迭生者为最多。

核桃分枝增多，分散养分缓和生长，有利于营养的积累，从而促进了花芽分化，为早果、丰产奠定了基础。分枝增多，叶片也相对增多，制造有机营养也就多了，促进了营养的积累，但分枝过多，光照不良，这就需通过整形修剪调节，幼树主枝较多时主枝开张角度也变大。

核桃倾斜枝的极性生长削弱，生长势转向两侧，所以两侧枝易扩大，增加枝叶量，可提早成花结果，所以核桃树骨干枝要求角度要开张。主枝数量少、开张角小，主枝数量多、开张角大，都有利于早果、丰产。主枝少、角度小也可获得较多的光照，可以结果。主枝多而直立，势必密挤，光照不良结果减少；但开张角度大了，虽然主枝多，但光照也得到了改善，照样能结果，这是核桃树自我调节的作用。

2. 枝条的顶端优势 一般的乔木树种都有较强的顶端优势，其优势大小常因品种类型、树龄树势、栽植方式不同而异。一般而言，顶端优势在直立生长、平斜生长及下垂生长的枝类中依次减弱，换句话说即枝条角度大的顶端优势要弱。利用这些特点，幼树整形期间为及早扩大树冠，发育枝条应少短截，利用大顶芽的顶端优势作用促发强壮的长枝。

核桃的顶端优势强，饱满顶芽易抽生旺枝。顶芽以下的侧芽，抽枝和结果的比例都很小，特别是枝条中、下部的侧芽，多自行干枯脱落，形成光秃带。因此，核桃树的树冠多较稀疏。

顶端优势就是直立生长的枝，顶端生长占优势，生长最强旺，向下逐次递减。倾斜枝的顶端变低，优势也随之削弱了，顶端生长稍缓，中、后部生长转强，表现为萌生枝增多了。水平枝则无高耸顶端，也无什么优势，前后生长势均等，生长缓和发枝均匀，有利成花结果。

3. 层性 由于顶端优势的作用，长枝条的顶部几个芽发育成大条，上、中部芽发育成中、短条，下部芽不萌发而成光秃带，每年都按此特性生长，这样长成大树后主枝在树上呈层状分布，这就是层性。利用层性进行整形修剪，幼树可以及时成形，大树层次分明光照良好，高产、稳产、优质。对结果枝组，短截长梢，促枝条中、下部发短枝，改变光秃现象，促使树形紧凑。整形阶段主枝选留时应注意各层整形带内距离适当，以免造成大树的主枝邻接，造成“卡脖”现象，其表现就是下层主枝过旺，上层主枝长不起来而树势失衡。同时，层间距离一定要按标准拉开，改善整个树体的通风透光条件。主枝邻接排列不仅容易造成“卡脖”且结构不牢固，邻近排列则可避免此缺点。

4. 主从分明、平衡树势 由于树上枝条的分布由顶端优势和层性的作用而呈层状分布，以全树或某个骨干枝而言，下部（早形成的）与上部（晚形成的）要保持大小与高低的主从关系。即先长的要大而高，为主；后长的要比它小而低，为从。从树体结构上讲就是中心干强于主枝，主枝强于侧枝，其余类推，这样的结构就是主从分明，其特点是大枝在下，小枝在上，小枝挡光少，大枝受光多，通风透光好，结果部位稳定，树形结构牢固，丰产、稳产。

6.3.3 主要修剪方法

1. 短截 短截是指剪去一年生枝条的一部分。在核桃幼树上，常用短截发育枝的方法增加枝量。短截对象是从一级和二级侧枝上抽生的生长旺盛的发育枝，作用是促进新梢生长，增加分枝。剪截长度为枝长的1/4～1/2，短截后一般可萌发3个左右较长的枝条。通过短截，改变了剪口芽的顶端优势，剪口部位新梢生长旺盛，能促进分枝，提高成枝力。对核桃树上的中等长枝或弱枝不宜短截，否则刺激下部发出细弱短枝，组织不充实，冬季易发生日烧而干枯，影响树势（图6-6）。

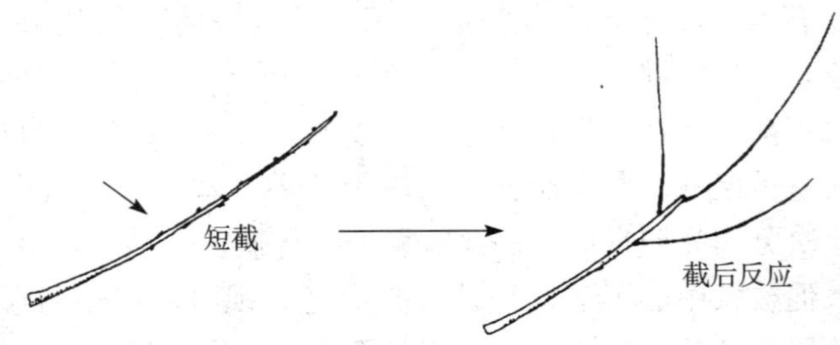

图6-6 一年生短截反应

2. 长放 即对枝条不进行任何剪截，其作用是缓和枝条生长势，增加中、短枝数量，有利于营养物质的积累，促进幼旺树结果。除背上直立旺枝不宜缓放外（可拉平后缓放），其余枝条缓放效果均较好（图6-7）。

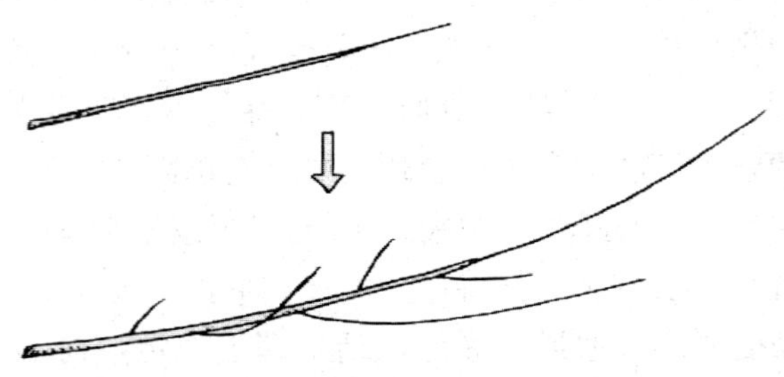

图6-7 核桃1年生枝缓放，萌芽后发枝均匀

长放后拉枝可抽生枝条多而短，不拉枝，只有枝头抽生少量长枝，易造成后部光秃，结果部位外移。

长放后，不同品种、不同的枝条，反应不同。树姿直立品种、直立生长的枝条，只有枝头抽生少量枝，且生长旺盛，中、后部不发枝，易造成后部光秃，结果部位外移；而树姿较开张、角度开张的枝条，能萌发大量分枝，坐果率高，结果部位紧凑。

3. 疏剪　将枝条从基部疏除叫疏枝。疏除对象一般为雄花枝、病虫枝、干枯枝、无用的徒长枝、过密的交叉枝和重叠枝等。雄花枝过多，开花时要消耗大量营养，从而导致树体衰弱，修剪时应适当疏除，以节省营养，增强树势。枯死枝条是病虫滋生的场所，应及时疏除。当树冠内部枝条密度过大时，要本着去弱留强的原则，随时疏除过密的枝条，以利通风透光。疏枝时，应紧贴枝条基部剪除，切不可留桩，以利剪口愈合。

核桃树复叶肥大，留枝不能过多，应及时疏除直立旺枝、交叉枝、重叠枝、过密枝、细弱枝、雄花枝、背后大枝，解决内膛通风透光条件，复壮结果枝，提高结果能力，树姿直立的品种上部易发生大量旺枝，应及时疏除。否则，易造成下部枝条枯死。结果部位外移。

4. 缩剪　对多年生枝剪截叫回缩或缩剪。回缩的作用因回缩的部位不同而异，一是复壮作用，二是抑制作用。生产中复壮作用的运用有两个方面：一是局部复壮，例如回缩更新结果枝组，多年生冗长下垂的缓放枝等；二是全树复壮，主要是衰老树回缩更新。生产中

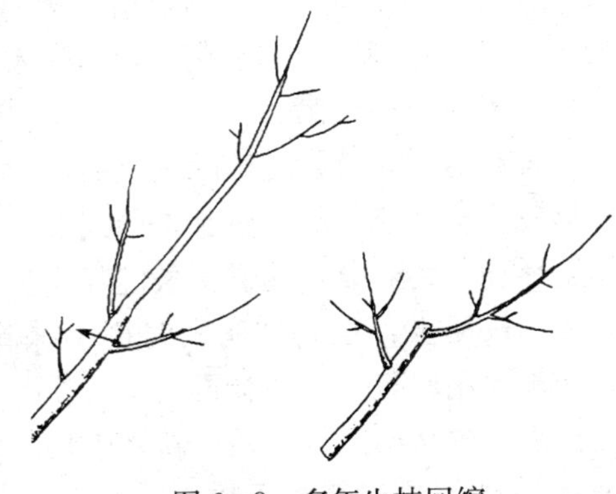

图 6-8　多年生枝回缩

运用抑制作用主要控制旺壮辅养枝、抑制树势不平衡中的强壮骨干枝等。回缩造成过大伤口时，对伤口下第一枝有削弱生长势的作用，旺树回缩过重易促发旺枝，生产中应掌握好回缩的部位和轻重程度（图6-8、图6-9）。

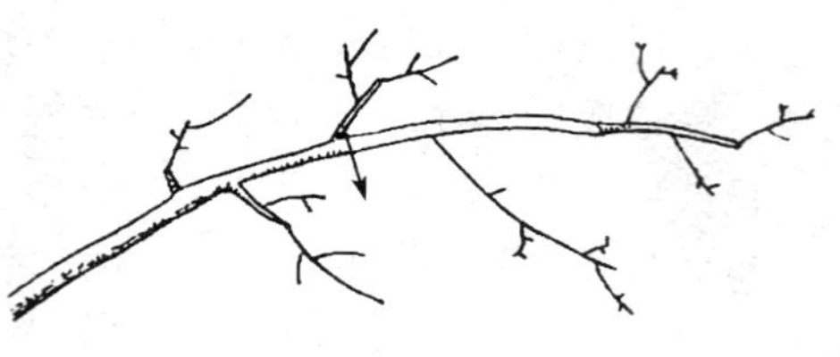

图6-9　细长弱枝回缩

采用不同程度的回缩，都具有复壮下部的作用，回缩的部位及其枝条的粗度对复壮效果则有差异。回缩的部位与剪口下第一枝的着生位置、生长强弱有关，一般剪口下第一枝生长旺、着生位置靠上时，其复壮效果好，否则效果差。

5. 摘心和除萌　摘心是摘除当年生新梢顶端部分，可促进发生副梢、增加分枝，幼树主、侧枝延长枝摘心，促生分枝加速整形进程。内膛直立枝摘心可促生平斜枝，缓和生长势、早结果。常用于幼树整形修剪。

摘心和刻伤的反应：幼树整形阶段，许多核桃新梢顶芽肥大，优势很强，萌生侧枝及短枝力弱。可在夏季新梢长60～80厘米时摘心，促发2～3个分枝，这样可加强幼树整形效果，提早成形。对多年生单轴延伸的枝条，特别是直径为1厘米左右的光腿枝，可在年界轮痕以上刻伤，深达木质部，可以促使隐芽萌发新枝，促进枝组丰满。

冬季修剪后，特别是疏除大枝后，常会刺激伤口下潜伏芽萌发，形成许多旺条，故在生长季前期及时除去过多萌芽，有利于树体整形和节约养分，促进枝条健壮生长。幼树整形过程中，也常有无用枝萌发，在它初萌发时用手抹除为好，这样不易再萌发，如长大用剪疏去，还会再萌发。

核桃幼树从第二年开始，新梢生长旺盛不摘心，抽枝长度可达1.5～2米，应进行夏季摘心，可促进分枝，增加枝量，尽快扩大树冠，增加结果母枝量，提早结果，提早丰产。对生长旺盛的长度达到60厘米左右的枝在半木质化以上部位摘心。

6. 开张角度 通过撑、拉、坠等方法加大枝条角度，缓和生长势，是幼树整形期间调节各主枝生长势和改善光照条件、促进花芽分化的常用方法。

6.3.4 核桃的夏季修剪

夏季修剪泛指生长季的修剪，主要内容包括抹芽、摘心、疏枝、环剥、拉技、夏季剪梢等。其作用是调节生长和结果的矛盾，改善树体光照，培养健壮的结果枝组，提高坐果率。夏季修剪由于在生长季进行，所以它的作用比冬季修剪更直接、更快、更明显，尤其有利于花芽的形成，因此必须重视夏季修剪。下面就逐项予以介绍。

1. 抹芽除萌 萌芽后到新梢生长初期，抹除并生萌发芽及主枝背上新梢，节约养分，改善光照条件。初萌发时用手抹去不再萌发，如长大再剪去还会萌发。

2. 摘心 在新梢迅速生长期，将新梢顶端5～10厘米嫩梢摘除。在幼树整形期，当主、侧枝的延长新梢长到50厘米时摘心，促使副梢生长，加速树冠形成。对树冠内膛可以利用而需要控制的直立枝或徒长枝，可早期摘心，使之由直立生长变为斜向生长。平斜枝长到30厘米摘心有利于成花，降低花芽节位。9月份对未停止生长的新梢摘心，使新梢停止生长，促进充实，以利幼树越冬。

3. 疏枝 在新梢生长期，疏除树冠内膛的无用直立旺枝、过密枝，以节省养分，改善树冠内膛光照。

4. 生长季拉枝 对分枝角度小而直立的生长枝进行拉枝或利用开角器进行开角，加大主、侧枝及其他枝条的角度，变直立枝为平斜枝，改善内膛光照条件，利于花芽分化。

5. 夏季剪梢 在新梢缓慢生长期，对直立枝进行短剪，剪去未木质化部分，以控制其生长，促发分枝。总之，核桃夏季修剪很重要，一般要进行 3 次，第一次在新梢迅速生长前进行抹芽、除萌、疏除过密枝和竞争枝。第二次在迅速生长期选留位置适当的直立枝留 20 厘米左右摘心，促发副梢。平斜枝留 30 厘米摘心，以利花芽形成，降低花芽节位。第三次，在 6～7 月份，疏除过密枝、徒长枝，以节省养分。对生长强的副梢再摘心，促进枝条成熟和成花。

6.3.5 冬季修剪

核桃喜光不耐阴，幼树生长旺盛、萌芽率高、成枝力强，一般应用自然开心形 3 年完成整形工作。在修剪上，除骨干枝适度短截外，以轻剪缓放、疏枝为主，结果较多时可短截一部分结果母枝作预备枝，同时注意局部更新，冬剪主要方法参见前面的介绍。

6.4 核桃树的修剪技术

核桃多为枝条顶芽结果，除为促其发枝外核桃枝条一般不能短截，否则会影响结果。对过密枝、干枯枝可以进行疏剪，对过弱枝和内膛枝稀疏部位的枝条可以进行重短截或缩剪，促其发枝，达到立体结果的效果。成年树，特别是老核桃树，应加强对外围过密枝进行疏剪和缩剪，核桃随枝条级次增高，枝条生长势随之变弱，而且结果能力下降，干枯率明显增加，应通过逐年修剪尽量降低枝条级次，使树体枝条尽量保持在 3～4 级范围内，以不超 5 级为宜。

良种核桃应用短截修剪法较多，这也是与实生核桃修剪方法不同的主要方面。实生核桃雌花芽多着生于结果母枝顶端 1～2 个芽，故修剪多用疏枝、长放的方法，而少用短截法；而良种核桃 1 年生壮枝侧芽 85%以上枝能形成雌花芽，开花结果，短截可以防止结果部位外移，充实基部，并能起到疏花、提高坐果率的功效。短截的程度不同，修剪反应则有较大差异。

重短截：对1年生壮枝，剪去枝长的2/3左右，一般剪口下可抽生1～2个壮枝，下部不太饱满的芽不萌发或萌发成中、短枝，有的萌发后即枯死，特别是徒长旺枝，这种反应更为明显。

轻短截：剪去枝长的1/3左右，剪口下抽生1～3个长势较旺的壮枝，其下抽生许多中、短枝，如果枝条粗壮、营养充足、抽枝壮、坐果率高，则能结好果。如剪留过长，留芽多、发枝多，结果也多，但分散生长势，易使枝条转弱，且基部小枝枯死，很快光秃，造成结果部位外移。

中短截：剪留枝条1/2左右，反应介于重短截与轻短截之间，剪口下可发2～3个壮枝，长势壮、坐果率低，其下可抽生长势中庸枝3～4个，结果好，坐果率高，果实种仁饱满，幼树整形中，各级延长枝枝头修剪，可用中短截，有利于扩大树冠，培养结果枝组。

6.4.1 不同类型枝条的修剪

1. 骨干枝修剪 及时回缩交叉的骨干枝，对过弱的骨干枝回缩到斜上生长的生长较好的侧枝上，以利抬高延长枝角度。对树高达到3.5米左右的及时落头。

2. 结果枝组的培养和更新 核桃结果枝组的培养是增加产量、稳定树势、延长盛果年限、防止结果部位外移、防止早衰的重要措施，培养结果枝组的方法有先放后缩、先截后放、辅养枝改造。

(1) 先放后缩 即对1年生壮枝进行长放、拉枝，一般能抽生10多个果枝新梢，第二年进行回缩，培养成结果枝组。枝组的分布要稀密均匀，密而不挤，大、中、小配搭。一般主枝内膛部位，1米左右有一个大型枝组，60厘米左右有一个中型枝组，40厘米左右有一个小型枝组，同时要放、疏、截、缩结合，不断调节大小和强弱，保持树冠内通风透光良好，枝组生长健壮、结果多。

（2）先截后放　在空间较大，培养大型结果枝组时，先对1年生壮枝中短截，第二年疏去前端的1～2个壮枝，其他枝长放，从而培养成结果枝组。也可在6月上旬进行新梢摘心，促使分枝冬剪时再回缩，1年即可培养成结果枝组。

（3）辅养枝改造　对有空间的辅养枝，当辅养作用完成后，可通过回缩方法培养成大型枝组，一般采用先放后缩的办法，枝组的位置以背斜枝为好。背上只留小型枝组，不留背后枝组。枝组间距离控制在60～80厘米左右。

结果枝组的更新复壮修剪，其核心是调整枝组内营养生长和生殖生长的矛盾，调节营养枝与结果枝的比例，使枝条发育、花芽分化、开花坐果处于动态的良性循环中。修剪时考虑预备枝的位置，弱枝及时回缩，旺枝适当缓放，维持结果枝组健壮生长的状态。

3. 结果枝组的修剪　结果枝组形成后，每年都应不同程度地短截部分中、长结果母枝，控制留果量，防止大小年现象，及时疏除过密枝、细弱枝和部分雄花枝，直立生长的结果枝组剪留不能过高，留枝要少，3～5个即可，将其控制在一定范围内，以防扩展过大影响主、侧枝生长。斜生枝组如空间较大时，可适当多留枝，充分利用空间，及时采用回缩和疏剪的方法，去下留上，去弱留壮，更新结果母枝，使其始终保持生长健壮，防止内膛秃裸，结果部位外移。

4. 背后枝处理　核桃树大量结果后，背上枝生长变弱，背后枝生长变旺，形成主、侧枝头“倒拉”的夺头现象。若原枝头开张角度小，可将原头剪掉，让背后枝取代，若原枝头开张角度适宜或较大时，要及时回缩或疏除背后枝。

5. 徒长枝处理　徒长枝在结果初期一般不留，以免扰乱树形。在盛果期，有空间时适当选留，及早采取短截、摘心等方法，改造成枝组。

6. 二次枝处理 良种核桃易形成二次枝，由于二次枝抽枝晚、生长旺、枝条不充实，基部很长一段无芽，成光秃带，应及时处理。当有空间时，应去弱留强，并在6～7月份摘心，控制旺长，促其形成结果母枝，无空间时及时疏除。

6.4.2 不同年龄时期的修剪特点

1. 修剪的时期 核桃修剪时期与其他果树不同。由于核桃在落叶后的休眠期修剪，会由伤口引起“伤流”，使养分流失，造成树势衰弱，甚至枝条枯死，故不宜在冬季进行。核桃伤流期一般在秋季落叶后到来年萌芽前（即11月中旬至次年3月下旬）。为此，核桃修剪要避开伤流期。适宜修剪的时期应在果实采收后到叶片未变黄以前和春天展叶以后。但春剪损失营养较多，且易碰伤嫩枝叶，故成年树应在采果后叶未变黄的10月前进行秋剪为宜，秋剪不伤流，伤口愈合快。幼树则可在春、夏、秋季修剪。近年来，也有人在伤流的两个波峰之间（12月中旬至次年3月中旬）的低潮期修剪，也没发生伤流或只发生轻微伤流。冬季修剪后的反应优于春剪和秋剪，所以许多专家提倡冬季修剪，最佳修剪时期为春季萌芽之前。

2. 幼树的整形修剪 核桃在幼树阶段生长很快，如放任其自由发展，则不易形成良好的丰产树形，尤其是早实核桃，分枝力强，结果早，易抽发二次枝造成树形紊乱，不利于正常的生长与结果。幼树期的修剪任务是培养牢固骨架和丰产树形。应注意调节各级枝条的从属关系，保持中心干的优势和主枝的健壮生长。中心干用顶芽枝作延长枝，其上多留辅养枝，以加强中心干生长。主枝上应控制竞争枝和背后枝。

核桃整形通常有疏层形和自然开心形两种，可根据品种特性、土质、肥培管理等的不同，因树因地制宜。

（1）疏层形 有明显的中心干，主枝5～7个，树冠大，产量高。适用于直立性强的品种、土壤肥沃深厚、栽培管理条件较好的核桃树。

（2）自然开心形　无中心干，主枝数较少，树冠较小，适用于树冠开张、土壤瘠薄或管理条件差的核桃树。依选留主枝数目的不同有两大主枝开心形、三大主枝开心形和多主枝开心形等3种。

3. 结果树修剪　核桃树进入结果时期，树冠仍在继续扩大，结果部位不断增加，容易出现生长与结果之间的矛盾，保证核桃达到高产、稳产是这一时期的主要任务。因此，在修剪上应经常注意培养良好的枝组，利用辅养枝和徒长枝，及时处理背后枝与下垂枝。

从结果初期开始，有计划地培养强健的结果枝组，增加结果部位，扩大结果面积，提高幼树产量。进入结果盛期，随着树冠的扩大和结果部位的增加，容易出现生长与结果的矛盾，这一时期的修剪任务主要是调整营养生长与生殖生长的关系，改善树冠内的通风透光条件，从而达到高产、稳产的目的。在修剪上主要是平衡树势，缓放或短截壮枝，缓和其长势，增加枝量，及时回缩更新复壮结果枝，防止早衰。继续培养结果枝组，利用好辅养枝和内膛徒长枝，防止树冠内膛空虚和结果部位外移。及时处理背后枝、下垂枝、密挤枝，防止郁闭。

（1）结果初期树的修剪　此期树体结构初步形成，应保持树势平衡，疏除改造直立向上的徒长枝，疏除外围的密集枝及节间长的无效枝，保留充足的有效枝量（粗、短、壮），控制强枝向缓势发展（夏季拿、拉、换头），充分利用一切可利用的结果枝（包括下垂枝），达到早结果、早丰产的目的。

（2）盛果期树的修剪　盛果期的核桃树，树冠大部分接近郁闭或已经郁闭，外围枝量逐渐增多，且大部分成为结果枝，并由于光照不足，部分小枝干枯，主枝后部出现光秃带。结果部位外移，易出现隔年结果现象。因此，此时修剪的主要任务是：调整改善树冠内的通风透光条件，不断更新结果枝，以达到高产、稳产的目的。其修剪要点是：疏病枝，透阳光，缩外围，促内膛，抬角度，节营养，养枝组，增产量。

4. 衰老树的修剪 核桃进入衰老期后，枝梢和大枝常常枯死，产量逐年下降，应及时更新复壮，延长结果年限（图 6-10）。

（1）主干更新（大更新） 将主枝全部锯掉，使其重新发枝，并形成主枝，具体做法有以下两种。

①对主干过高的植株，可在主干的适当部位，将树冠全部锯掉，使锯口下的潜伏芽萌发新枝，然后从新枝中选留方向合适、生长健壮的枝条 2～4 个培养成主枝。

②主干高度适宜的开心形植株，可在每个主干的基部锯掉。如系主干形植株，可先从第一层主枝的上部锯掉树冠，再从各主

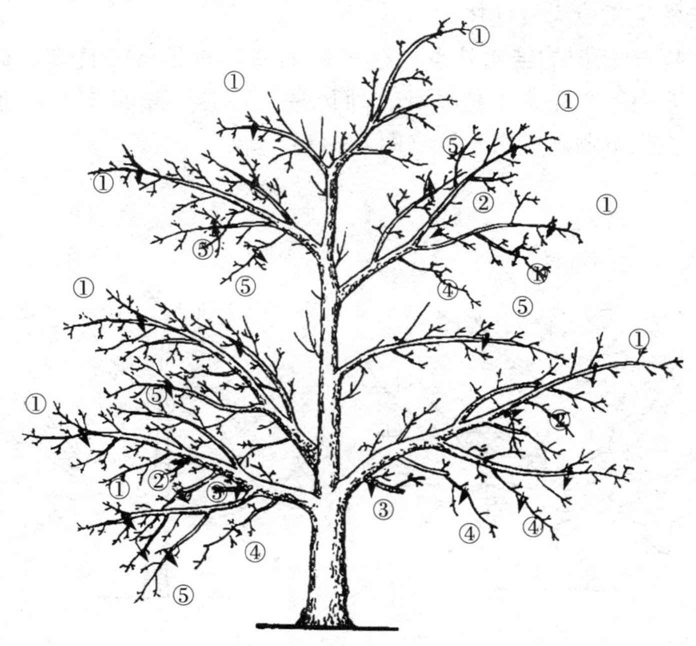

图 6-10 衰老树的修剪

①抬头 ②疏交叉枝 ③疏干枯枝 ④疏下垂枝 ⑤大枝回缩

枝的基部锯掉，使主枝基部的潜伏芽萌芽发枝。

（2）主枝更新（中度更新） 在主枝的适当部位进行回缩，使其形成新的侧枝，具体修剪方法：选择健壮的主枝，保留50～100 厘米长，其余部分锯掉，使其在主枝锯口附近发枝，发枝后，每个主枝上选留方位适宜的 2～3 个健壮的枝条，培养成一级侧枝。

（3）侧枝更新（小更新） 将一级侧枝在适当的部位进行回缩，便形成新的二级侧枝。其优点是，新树冠形成和产量增加均较快。

6.4.3 放任树的修剪

我国核桃产区存在许多管理粗放、只收不管、很少修剪、任其自然生长成为放任树。

1. 放任树的结构特点 这类树的总特点是骨干枝多，树形紊乱，内膛光秃，小枝枯死，通风透光不良，结果部位严重外移，上强下弱，层次不清（图 6－11）。

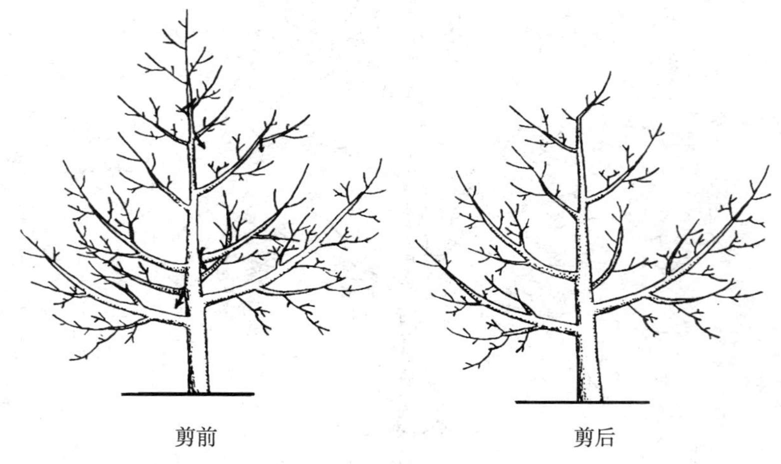

图 6－11 核桃放任树修

2. 修剪方法

（1）随树作形，因树修剪，灵活掌握　对树高超过5米以上的树体先打开天窗，逐级落头，注意剪锯口下要有跟枝。对大枝过多、后部光秃的树体，应选5～7个方位好、距离适当、生长健壮的大枝做主枝，其余大枝则重回缩或疏除，但注意不可操之过急，应分年度、分批处理，以免造成大伤口过多，削弱树势。领导干明显的可改造培养成疏散分层形，否则培养成自然开心形，避免过分强求树形，大砍大锯，影响产量。对主干偏斜的小树必须扶正，主干歪斜后向上的主枝生长旺盛，背后的主枝往往生长减弱，造成基部主枝生长不平衡。对于强旺枝开大角度，或适当回缩控势，维持各主枝间的协调关系。

（2）分析大枝，合理调整，确定去留　放任树的大枝挤而密，可以将多余的主枝加以回缩改造，作为相邻主枝的侧枝看待，补充空间。树上长树的应及时回缩或疏除，有空间时可拉平改造成侧枝或枝组。

（3）外围枝的处理　外围焦梢的枝条可适当回缩，回缩至大枝上有分枝处，促进内膛萌生新枝，恢复树势。对于衰弱的下垂枝、枯死枝均可疏除以促进营养生长。

（4）结果枝组的培养和更新　经过改造的树，内膛常萌发徒长枝，须及时改造为结果枝组，对过长的枝组在多年生部位缩剪，保留壮枝壮芽，以更新枝组，充实树冠。培养结果枝组要大、中、小结合。

7 花果管理技术

我国核桃产区立地条件复杂，气候变化剧烈，气候、土壤、生物等各种环境因子对核桃的生长发育都有各种不良的影响，要保证核桃的优质、丰产，需要做好花果管理工作。适时做好核桃的保花保果、疏花疏果等工作，使其合理结果，避免结果过多或过少，是使核桃树丰产、稳产、优质的重要措施之一。

7.1 保花保果技术

7.1.1 落花落果的原因

核桃多数品种或类型，落花较轻，落果较重，但也有落花较严重的。现有核桃大树产量低而不稳的主要原因是落花落果严重。据王根宪等研究，核桃落花落果率一般在 40%～90%。核桃落花落果在一年内有 3 次高峰，第一次在花后 2～3 周，占落花落果总量的 50%～70%；第二次在花后 4～6 周，占落花落果总量的 30%～40%；第三次在花后 6～10 周，占落花落果总量的 10%～20%。引起核桃落花落果的原因主要表现在：

1. 管理水平低、树体营养匮乏 核桃树栽植在土壤瘠薄的山地，或栽后管理十分粗放、肥水不足、修剪不当、病虫为害较重等情况都会造成树体营养积累不足。树体营养尤其是贮藏营养水平的高低，直接影响核桃花芽分化的进程。由于树体营养不足，会使花器的发育受到影响，只在树冠外围及下部结少量的果实，内膛的果实几乎全部脱落。另外，在肥水充足的情况下，特别是氮肥过多，枝条徒长，导致生殖生长和营养生长不协调，也会引起大量的落花落果。

2. 授粉受精不良 核桃属雌、雄同株异花，风媒传粉，同一株树上雌花和雄花开放时期绝大部分不会相遇，某些品种同一株树上，雌、雄花期可相差20多天，零星栽种的核桃树更为严重。自然授粉受自然条件的限制，每年坐果情况差别很大，而且北方地区春季气温变化剧烈，一旦寒流侵入，温度急剧下降至0℃以下，有时还伴有大风或阴雨，花器就会受冻，从而失去授粉受精能力。另外，主栽品种与授粉品种的距离应在300米以内，超过300米时授粉受精不良或不能授粉，且有些新建的核桃园，未配置授粉树，而幼龄的核桃树仅开雌花，3～4年以后才出现雄花，若不进行人工辅助授粉，也会大量落花落果。

3. 树体结果偏多 雌花芽过多的核桃树，修剪时如留雌花芽过多，就会因树体积累的养分不足而迫使花朵或幼果互相争夺养分，从而出现大量的无效花和自疏果，造成"满树花、半树果"，既消耗养分，又不能丰产。

4. 恶劣天气条件 引起落花落果的恶劣天气主要有倒春寒、大风、暴雨、冰雹及沙尘天气。核桃花芽从萌动到开花期，正值北方产区的倒春寒天气，较长时间的低温使核桃花芽极易被冻伤甚至冻死，造成灾难性的损失。在核桃花期，若遇连阴天、扬沙尘天气，可降低花粉的散粉率，使授粉受精过程受阻。另外，花期大风天气也是造成落花落果的因素之一。

7.1.2 保花保果措施

针对核桃落花落果的原因，保花保果以预防为主，"防、治、管"相结合。加强土壤管理为主，结合喷施微肥、生长调节剂使核桃生长处于中庸状态。外界灾难性天气和不可抗拒因素，原则上应以预防为主，通过增强树势提高抵抗不良环境的能力。另外，要培育晚花、抗寒、耐湿、生育期短的优良品种。具体可采取以下措施。

1. 加强果园综合管理，配置好授粉树 核桃园要多施有机肥，以增强树势，提高树体贮藏养分水平，促进花芽分化，同时注意氮、磷、钾肥配合使用，有利于提高健壮花的比例，从而减少落花落果。幼旺树少施氮、增施磷、钾肥，成年树氮、磷、钾肥合理配合使用，多施有机肥。对花量大的树，要进行花期追肥，花后叶面喷施0.3%尿素。

实行以夏剪为主，冬剪为辅的方法，减少树冠荫蔽，改善光照条件。夏剪时剪除过弱、过密花枝，留下的花要进行疏蕾疏花，使养分集中，有利于坐果。

2. 多留花芽 对花芽少的“小年树”和强旺树，修剪时要尽量保留花芽和幼果，必要时“见花就留”，使其多结果、坐稳果、结大果，以提高产量。因此，在核桃整形修剪时，不要过分强调树形而剪除过多的花芽。

3. 疏花疏果 适时做好保花保果和疏花疏果工作，使其合理结果，避免结果过多或过少，是使核桃树丰产、稳产、优质的重要措施。

核桃疏花疏果与保花保果，都是为了一个共同目的。保花保果是直接采取各种措施保留花芽、幼果，疏花疏果是用“疏”的手段来达到“保”的目的。

4. 花期喷硼和生长调节物质 硼是果树不可缺少的微量元素，它能促进花粉发芽、花粉管生长、子房发育、提高坐果率和增进果实品质。因此，核桃盛花期喷一次300～350倍硼砂加蜂蜜或红糖水，除可满足树体所需要的硼元素外，还可增加柱头黏液，使花粉粒吸收更多的水分和养分，从而提高受精率和坐果率。但应注意硼砂不溶于冷水而溶于开水，在喷前要先用开水溶化后，再对水喷施。

花期喷硼酸、稀土和赤霉素也可显著提高核桃树的坐果率。据山西省林业科学研究所试验，盛花期喷赤霉素、硼酸、稀土的最佳浓度分别为54毫克/千克、125毫克/千克、475毫克/千克。

3 种元素对坐果率的影响程度大小次序是赤霉素＞稀土＞硼酸，喷施后，可增产 55%。另外，花期喷 0.5%尿素、0.3%磷酸二氢钾 2～3 次可改善树体养分状况，促进坐果。

7.1.3 疏花疏果措施

疏花疏果是提高核桃树产量和品质的主要技术措施。它可以节省大量的养分和水分，不仅有利于当年树体的发育，提高当年的坚果产量和品质，而且也有利于新梢生长、花芽分化，保证翌年的产量。

1. 疏花疏果的原因 对开雌花过多的核桃树，进行适量的疏花疏果，控制花果数量，能减少养分的无效消耗，增加有效花，提高坐果率，且可协调生殖生长和营养生长的矛盾，有充足的养分供给树体生长和花芽分化，使结果、长树、成花三不误。另外，早实核桃树多以侧花芽结实为主，雌花量较大，到盛果期后，为保证树体营养生长和生殖生长的相对平衡，保持优质、高产、稳产，必须进行疏花疏果，否则会因结果太多造成果个变小、品质变差，严重时导致树势过早衰弱、枝条大量干枯甚至整株死亡。

2. 疏花疏果的原则 核桃疏花疏果时，关键在于留花留果是不是适量。因为在一定条件下，产量和留果成正相关，所以留花、留果量一定要恰到好处。如留果过多，则果个小、单果轻、品质差、增果不增产，更不增值；留果过少，则果个大、单果重，但个数太少，也不能提高产量。核桃留果量一般根据复叶多少或果枝粗度来确定。一般着双果的结果枝需要有 5～6 片以上正常复叶，才能保证枝条和果实正常发育。具 1～2 片复叶的果枝，难于形成花芽，即使结果，果实也发育不良，这种果枝上的果应疏除。核桃是强枝、壮枝结果，粗度在 1.0 厘米以上一般能坐果 2～3 个；粗度在 0.8～1.0 厘米可坐果 1～2 个；粗度在 0.7 厘米以下的果枝几乎坐不住果。

在疏花疏果时，要按树定产，按枝定量，按量留花，花多多疏，花少少疏或不疏；弱树、弱枝多疏，壮树、壮枝少疏；花芽少的旺树不疏，以调节树势，稳定产量。一般中等以上立地条件和中等偏旺树势，每平方米树冠投影面积留果量为60～80个，立地条件优越和树势很强的核桃树，每平方米树冠投影面积留果80～100个。

疏花疏果要因地、因园、因树而定，不要生搬硬套，不要疏过头。有晚霜冻害的地区和病虫严重的果园，其留花留果量应比实际需留量多30%～40%，待坐稳果后再行疏果，以便弥补冻害或病虫为害造成的损失。

3. 疏花疏果的时间 核桃疏花疏果均不宜迟，过迟既增多前期养分的无效消耗，又影响果实发育，起不到应有的作用。疏果时间，可在生理落果以后，一般在雌花受精后20～30天，即当子房发育到直径1～1.5厘米时进行为宜。

4. 疏花疏果的方法

(1) 人工疏除法 应特别注意，疏果仅限于坐果率高的早实核桃品种，尤其是树弱且挂果多的树。先疏除弱树或细弱枝上的幼果，也可连同弱枝一同剪掉；每个花序有3个以上幼果时，视结果枝的强弱，可保留2～3个；留果部位在冠内要分布均匀，郁闭内膛可多疏。

(2) 药剂疏除法 人工疏花疏果效果稳定，但费工、费时；化学疏花疏果省工、省力，但应选择适宜本地应用的药剂和方法，在大面积应用前，应进行小面积的试验。有关适宜核桃疏花疏果的药剂和浓度尚需进一步试验研究。

7.2 提高坐果率的措施

由于核桃所处的立地条件和本身的生物学特性，以及树体营养水平低，或授粉品种配置不当，或缺少授粉树，管理粗放，花芽分化不良，病虫害严重等原因均可造成坐果率降低。

7.2.1 选择适应性强的品种

核桃的优良品种很多，但其对环境温度的适应性有一定差异。因此，在核桃建园之初应进行品种规划，选择对当地气候条件适应性好的品种。适应性差的优良品种应当种植于气候条件较温和的地区，对已投入生产的品种适应性及品质均差的大树应予以高接换优，淘汰劣种，发展良种。

7.2.2 合理配置授粉树并辅之以人工授粉

雌雄异熟性决定了核桃栽培中配置授粉树的重要性。新建的核桃园基本上都配置有雌先型和雄先型相互搭配的授粉树，可保证正常授粉。但一般粗放管理的核桃园，或高接换优园，却往往忽视了授粉品种，故应在园区高接特定的授粉树以改善授粉条件。

为了提高核桃的坐果率，增加产量，必须进行人工授粉。据研究，在雌花盛期进行人工授粉，可提高坐果率 17.3%～19.1%，进行两次人工授粉，坐果率可提高 26%。

1. 采集花粉 在当地或其他地方选择生长健壮的成年树，采集基部将要散粉（花序由绿变黄）或刚刚开始散粉的雄花序，在干燥通风和无阳光直射的室内，将花序放在干净的硫酸纸或者报纸上晾干。在温度 20～25℃条件下，经 1～2 天大部分雄花散粉后，筛出花粉。然后将花粉收集在指形管或小青霉素瓶中盖严，置于 2～5℃的低温条件下备用。在常温下，花粉生活力可保持 3～5 天左右，在 3℃的冰箱中可保 20～30 天以上。注意瓶装花粉应适当通气（瓶口用棉花塞上），以防发霉而降低授粉效果。为满足大面积授粉的需要，可将花粉加以稀释，一般按 1∶10 加入淀粉或滑石粉即可，稀释后的花粉同样可达到良好的授粉效果。

2. 授粉适期 根据雌花开放特点，当雌花柱头开裂并呈倒八字形张开，柱头羽毛状突起并分泌大量黏液具有一定光泽时，为雌花授粉的最佳时期。此时一般正值雌花盛期，持续时间为2～3天，雄先型的植株此期只有1～2天，待柱头反转或柱头变色分泌物变少时，授粉效果显著降低。因此，要抓紧时间授粉，以免错过最适授粉期。有时因天气状况不良，同一株树上雌花期早晚可相差7～15天，为提高坐果率，有条件时可进行两次授粉。

3. 授粉方法

（1）授粉器授粉法　对树体较矮小的早实核桃幼树，可用授粉器授粉，也可用“医用喉头喷粉器”代替。将花粉装入喷粉器的玻璃瓶中，在树冠中、上部喷布即可（注意喷头要距离柱头30厘米以上）。此法授粉速度快，但花粉用量大。

（2）人工点授法　用新毛笔蘸少量花粉，轻轻点弹在柱头上，毛笔头不能接触柱头，处于柱头上方，稍有1～2厘米距离，用手指弹击笔杆，把花粉震落在柱头上。注意不要直接往柱头上抹，以免授粉过量或损坏柱头，导致落花落果。

（3）花粉袋抖授法　对成年树或高大的晚实核桃树，可采用花粉袋抖授法。具体做法是：将刚散粉雌雄花序或花粉与淀粉按1∶10的比例混合拌匀后，装入2～4层纱布袋中，扎严袋口，拴在竹竿上，然后在树冠上方迎风面轻轻抖动，散出花粉。

（4）树冠挂花序法　是将开始散粉的雄花序采下，每4～5个为一束拴好，挂在树冠上部，任其自由散粉，此法效果也很好，还可免去采集花粉的麻烦。

（5）液体喷粉法　将花粉配成水悬液（花粉与水之比为1∶5 000）进行喷授，有条件时可在水中加10%蔗糖和0.2%的硼砂（酸），可促进花粉发芽和受精。在上午9～10时或下午3～4时进行喷雾。此法既节省花粉，又可结合叶面喷肥同时进行，适于山区或水源缺乏的地区。花粉液须随配随用，不能久放和隔夜。

7.2.3 树体喷水补肥

花期树体喷水可增加了空气湿度，降低花粉及柱头因干燥而失水失活的比率，因此可以提高坐果率。开花坐果期树体喷施0.1%～0.2%的硼肥，可促进花粉管的伸长。喷施0.3%～0.5%的尿素或磷酸二氢钾也可促进坐果，减少落花落果的发生。

研究证明，施用生长调节剂和稀土液等技术措施，均能在一定程度上提高坐果率。据报道，对生长40年的山地结果核桃大树，喷施两次5～7毫克/升的IAA（吲哚乙酸），坐果率可比对照树提高22.7%；对8年生晚实核桃嫁接树，喷施1 000～2 000毫克/升的多效唑，其单株平均产量可比对照株提高10%～64.9%，持效期可达两年以上；在雌花初期喷施300～800毫克/升的NL-1号稀土，可比对照增产48.6%～66.5%。

7.2.4 加强树体的综合管理

在合理施肥、深翻土壤的基础上，加强病虫害防治，保护好叶片，增强树势。另外，在柱头枯萎后每隔15天左右喷施1次0.3%～0.5%的尿素或磷酸二氢钾，连喷2～3次，能促进果实迅速膨大，有效提高果实品质。

7.2.5 其他提高坐果率的技术

在5月中下旬对旺树辅养枝基部或主干上进行环剥，宽度不超过0.6厘米，可缓和树势，提高坐果率并促使剥口下萌发新枝。这些与陕西商洛山区的“砍一镰，结得繁；砍一斧，压断股”之说相一致。

核桃落果严重、坐果率低的原因是风害和营养生长过旺，其危害不是直接的机械损伤，而是由于核桃的叶面积大，蒸腾失水严重，营养消耗过大，造成大量落花落果。因此，在花期摘除核桃的叶片，每一复叶只留顶部的3片叶，可提高坐果率，提高产量。

7.3 核桃树疏除雄花（疏雄）

7.3.1 疏雄的意义

核桃雄花数量大，远远超出授粉需要，雄花芽发育需要消耗大量的水分、糖类、氨基酸等。疏除核桃树上过多的雄花芽称为疏雄。疏除雄花可节省大量的水分和养分用于雌花的发育，从而改善雌花发育过程中的营养条件，提高坚果的产量和品质，同时也有利于新梢的生长和花芽分化，保证翌年的产量。据中国林业科学研究院分析中心测定，一个雄花芽干重为 0.036 克，达到成熟花序时干重增加到 0.66 克，增重 0.624 克，其中含氮 4.3%，磷 1.0%，钾 3.2%，蛋白质和氨基酸 11.1%，粗脂肪 4.3%，全糖 31.4%，灰分 11.3%。如果一株核桃树疏去 90%的雄花芽，可节省水分 50 千克左右，节约干物质 1.1～1.2 千克。从某种意义上说，疏除雄花芽是一项逆向灌水和施肥的措施。疏雄对核桃树的增产效果十分明显，坐果率可提高 15%～20%，产量可增加 12.8%～37.5%。

另外，过多的雄花不仅消耗了大量的营养，更重要的是会使雌花授粉过量受到刺激而导致脱落，影响坚果产量。

7.3.2 疏雄的时期和方法

疏除雄花的时期原则上以早疏为宜，一般以雄花芽未萌动前的 20 天内进行为好，即雄花芽开始膨大时最佳；休眠期雄花芽比较牢固，操作麻烦，雄花芽伸长期疏雄则效果不明显。核桃雌花序与雄花序之比为 1∶5±1，疏雄量以疏除全树雄花序的 90%～95%为宜，使雌花序与雄花（小花）之比达 1∶30～60，但对栽植分散和雄花芽较少的树、刚结果的幼树，可适当少疏或不疏。据有关资料报道，一个雄花序有小花 117±4 朵，每朵小花有雄蕊 12～26 枚，花药 2 室，每室有花粉 900 粒，这样计算起来每个雄花序有花粉粒 180 万。虽然花粉发芽率只在 5%～8%，但留下的雄花序完全能满足授粉的需要。对于优良品种来讲，作授粉品种的雄花适当少疏，主栽品种可多疏。

疏除雄花时，用长 1～1.5 米带钩木杆，拉下枝条，人工掰除即可，也可结合修剪进行。也有用化学疏雄剂的，但效果不稳定。

7.4 花期防霜冻

我国北方地区，春季时常有大风降温和寒流天气出现，形成晚霜危害。其结果导致核桃在花期发生冻害，造成减产甚至绝收。这是核桃生产中必须要考虑解决的一个重要问题。

同其他果树一样，休眠期核桃可耐－28～－20℃的低温。但在萌芽至开花期，核桃对低温的忍耐力急剧下降，若遇低温（冻害）或晚霜冻，0℃以下的低温会使花芽、花、幼果等器官受到冻害，未成熟枝条及新梢也会产生严重冻害，有时皮层变黑，干枯死亡。因此，在建核桃园时一定要避开频繁发生霜冻的地区，在高燥、通风处建园，选用抗寒品种和晚花品种，同时在花期和幼果期要注意天气变化，低洼地更应注意，做到早预报、早预防。

7.4.1 防止霜冻的措施

1. 选择适宜的园地和品种 要参照当地农业气候区划成果，合理进行产业布局，选择不利于冷气堆积的有利地形，抗避低温霜冻危害。一般山谷或洼地冷空气易聚集，常造成霜冻，因此应尽量避免在低洼地区建园，而应选择缓坡地带，并营造好果园防风林。

同时，要增加防冻害科研投入，培育抗寒、耐寒、高产核桃品种，扩大种植面积。选用抗霜冻能力强、花期较晚、生长期短的品种，是避免晚霜的重要途径。另外，增施有机肥，搞好病虫防治、合理负载等，可增强树势，提高树体营养水平，从而提高抗寒能力。

2. 熏烟 这是一种传统的防霜冻措施。熏烟后可在树体周围形成烟幕，包含大量二氧化碳及水蒸气，可有效地防止园地上热量的散失，防止园内温度下降，使树体处于稳定的气温环境中；同时烟粒吸收湿气，使水汽凝成液体而放出潜热，从而阻止了霜冻的形成。

通常用作熏烟堆的材料主要是农作物秸秆、枯枝落叶及杂草。这些材料要有一定的湿度，也可在秸秆上撒层薄土，留出点火及出烟口，根据气象部门预报霜冻的时间，即可点火发烟，保护核桃园免受冻害。一般每烟堆用材料30～50千克，每667米^{2}置4～6个发烟堆即可。此种方法发烟量大，简便易行，效果好。通常霜冻多发生在凌晨3～5时，在核桃花期应当认真听取天气预报，提前设置烟堆。分配专人值班，观测气温，特别是低洼地带的气温变化，当气温降至－1.5℃，而且还在继续下降时，即可点烟。通过熏烟，可提高果园气温2℃以上，预防霜冻发生。

也可用专用发烟剂熏烟，其作法为硝酸铵20％～30％、锯末50％、废柴油10％、细煤粉10％掺混，用废报纸卷成筒状，以便于携带，要备足数量以便能持续熏烟，当温度降至2℃时，将备好的熏烟剂点燃，均匀分散在果园内，可有效地减轻或防止晚霜危害。

3. 地面灌水和树体喷水 萌芽前灌水，可降低地温，推迟萌芽，避过霜害。晚霜来临前，在水利条件较好地区，可根据天气预报及时给地面灌水，或直接给树体喷水。水的比热高，气温低于0℃时，通过灌水或喷水，可提高核桃园的空气湿度，延缓园区降温速度。树体喷水后也可以延迟花期，减缓冻害的为害程度，若喷洒0.3％～0.5％的蔗糖水溶液效果更好。

当水中含盐而成盐溶液时，其冰点温度下降。在霜冻发生时，树体喷盐水，可防止空气中的水汽在枝条上结霜，避免了霜冻对枝条和花芽的危害。据试验，休眠期至发芽期，常用的食盐水溶液的浓度为 0.5%～2%，休眠期浓度可高，萌芽期应低，否则易引起盐害。

4. 主干涂白和枝条喷石灰乳　冬季主干涂白，可减少树体地上部分吸收太阳的辐射热，使树体温度上升较慢，从而推迟萌芽和开花期，避免晚霜危害，同时还具有抗菌、杀灭虫卵和幼虫、防日灼的作用。涂白剂配制方法：将生石灰 5 千克、硫黄 0.5 千克、菜子油 0.1 千克、食盐 0.25 千克、水 20 千克，充分搅拌均匀后涂刷树干。

结合主干涂白，给树体枝条喷布石灰乳，可有效地反射阳光，降低树体温度，延迟花期 5～6 天，从而可躲过霜冻。石灰乳的配方是，50 千克水加 10 千克生石灰，搅拌均匀后，再加入 100 克柴油作黏着剂，可增加在枝条上的吸附力。

5. 覆盖树体　此法较适用于零星核桃幼树。即在霜冻到来之前，用草帘、塑料布等覆盖幼树或给幼树绑缚草把护树，避免晚霜危害。对初果果园及难以覆盖的果园可以在果园周围及行间竖立草障以阻挡外来寒气袭击，保留散发的地温。

6. 喷施化学药剂　萌芽前向树冠喷洒 0.005%的萘乙酸钾盐溶液，萌芽期喷洒 0.5%的氯化钙溶液，花前喷 200 倍的高酯膜，可使核桃树花期延迟 5～7 天，有效地防止花期晚霜危害。在霜冻来临前，给核桃树体喷施防冻剂和保果素，也可预防低温霜冻危害和保花保果。

7.4.2　晚霜危害后的补救措施

1. 及时进行人工辅助授粉　如果晚霜发生较早，降温达 0℃以下，正在开放或已开放的花受到严重的低温伤害，已失去授粉受精和坐果能力，这时应在霜冻过后对未开放的中、晚期花，进行人工授粉，以提高坐果率。如果晚霜发生较晚，霜冻低温在 0℃以上，花柱和子房没有变化，还具有授粉受精能力，这时霜冻过后应及时进行人工授粉。

2. 叶面喷肥 进行人工授粉后，随即向树冠喷布0.3%的硼砂、0.3%尿素、1.0%的蔗糖混合液，以全面提高坐果率。在花器未受害的情况下，喷施赤霉素可以促进单性结实，弥补一定的产量损失。

3. 环剥或环割 花期结束后，对大树或结果较多的弱树在树干上进行环割，对幼树或结果少的旺树进行树干环剥，都可提高坐果率，减轻晚霜对产量的不良影响。

4. 加强树体综合管理 加强土肥水综合管理，尤其要及时增施肥水和根外追肥，养根壮树，使树体尽快恢复树势，促进果实发育，增加单果重，挽回产量。

另外，树体遭受晚霜冻害后，树体衰弱，抵抗力差，容易发生病虫为害。因此，要注意加强病虫害综合防控，尽量减少因病虫为害造成产量和经济损失；同时注意夏季修剪、秋季施肥以提高树体贮藏营养水平，为翌年丰产打下基础。

8　土、肥、水管理

土、肥、水管理是核桃园管理的一个重要环节，对于提高树体营养水平，实现早果、丰产和优质十分关键。特别是对于干旱、瘠薄等立地条件较差的核桃园，进行深翻改土、间作绿肥等技术措施来培肥土壤则显得尤为重要。

8.1　改土与间作

8.1.1　丰产果园土壤的基本特征

土壤是果树赖以生存的基础。丰产果园土壤一般具备如下特征：土层深厚，土壤疏松，具有一定厚度的活土层（60 厘米以上），土壤有机质含量高，保水、供肥能力强。

核桃属于深根性树种，根系的集中分布层在地面以下 20～60 厘米，一般要求土层厚度大于 1 米，以确保根系和树体正常生长。土层深厚、土壤疏松的环境条件利于核桃根系的发育，从而可促进地上部的生长，实现丰产、优质的目的。

土壤有机质含量高是丰产果园另一重要特征。有机质含量高的果园，土壤微生物活动旺盛，土壤的团粒结构良好，相应的有效养分含量也较高，保水、供肥能力强，有利于果树根系对养分的吸收和利用，为实现果树的丰产和优质创造了良好的营养条件。丰产、优质果园要求土壤有机质含量在 2%～3%以上，但目前我国多数核桃园的有机质含量在 1%以下，因此需要大量施用优质有机肥来提高土壤有机质含量。

总之，要通过各种土壤改良措施，加深土壤中活土层的厚度，改善土壤理化性状，提高土壤有机质含量，扩大核桃根系集中分布层的范围和增强根系吸收利用养分的能力，是核桃园土壤改良的主要任务。

8.1.2 深翻改土

深翻改土是核桃园改良土壤的主要技术措施之一，适用于土壤条件较差的地区。通过深翻，一方面可以起到蓄水保墒、改善土壤结构的作用；另一方面可以增强土壤微生物的活动，加速土壤熟化，提高土壤肥力。深翻改土为根系创造了良好的生长条件，提高了树体的吸收能力，从而促进核桃的生长与结果。

深翻最适宜的时间是在果实采收以后至落叶以前。由于采果前后正是根系生长的高峰，此时深翻对根系造成的伤口容易愈合，部分根系被切断能刺激长出一定数量的新根和须根，配合施肥、灌水效果会更好。也可在夏季结合压绿肥、秸秆进行深翻，以增加土壤有机质、改良土壤。

深翻分为扩穴深翻和全园深翻。扩穴深翻结合秋施基肥进行，核桃幼树在定植 2～3 年后，逐年向外深翻扩大栽植穴，直至株间全部翻遍为止，一般需要 3～4 年完成全园深翻。成龄树在树冠垂直投影边缘处每年或隔年挖环状沟或平行沟，沟宽40～50 厘米，深 60～80 厘米，以不伤 1 厘米粗的根为度。表土与心土分别放在沟两侧，沟底垫秸秆，土壤回填时混以有机肥，表土放在底层，底土放在上层，然后充分灌水。

对于长期粗放管理的核桃园，如果土壤板结严重，可放炮震松土壤的方法实现深翻，既可避免深翻伤根过多的弊端，又可起到疏松土壤，促进微生物活动、保水、保肥、保温的作用，且比人工深翻省时、省力。

改土主要是针对沙土、黏土和盐碱土等不良土壤进行的改良措施。如果核桃园是在河滩地建园，则必须进行抽沙换土或压土。抽沙换土时按行距抽去 1 米宽、30 厘米深的沙，换上同体积的壤土，然后上下翻搅均匀，深度为 50～60 厘米。压土时，全园普遍压30～40厘米厚的壤土，然后深耕或深翻，使沙与土混合。有些纯沙土地，在30～40厘米以下为黏土，要通过深耕把下层黏土翻上来与上层的沙土混合。沙土要大量增施有机肥和种植耐瘠薄的绿肥，以改良土壤理化性状。耕层是黏土的核桃园最好进行掺沙换土的方法来增加土壤的通透性，改善供肥能力，同时多施腐熟的有机肥以改良土壤结构和提高土壤有机质含量。对于盐碱地的核桃园要以增施有机肥为主，适当控制化肥的使用量，同时结合秸秆还田，种植耐盐碱的绿肥等办法，减轻盐碱危害。增施磷肥，适量施用氮肥，少施或不施钾肥。碱性土壤应多施生理酸性肥料以改良土壤，如过磷酸钙、硫酸铵等。有条件时可灌水压碱洗盐。

8.1.3 合理间作

间作是一种重要的栽培模式。合理的间作可以充分利用空间、土地、光能，提高经济效益，特别是提高幼龄核桃园的早期效益。

间作的种类和方式以不影响核桃的生长发育为原则。根据间作物的种类不同可以划分为果粮间作、果菜间作、果药间作和果肥间作等不同的模式。要根据当地的立地条件、管理水平，以及种植和销售习惯选择合适的间作物。

果粮间作是一种传统的间作模式。粮油作物具有生长季节短、成熟早、易于耕作等特点，在立地条件好、肥力高的地块可以实行果粮（油）间作。常用的作物种类有大豆、各种杂豆、马铃薯、油菜、花生等，核桃栽培的株行距较大时也不可间作玉米、高粱等高秆作物。果、粮间作能够有效促进核桃成花，提高单株产量，因为通过深翻、松土、除草、施肥等措施，促进了核桃成花、坐果。同时，由于豆科植物的固氮作用，可以有效地增加土壤含氮量，促进核桃的营养生长与生殖生长。

果药间作是提高核桃园经济收入的一项重要途径。由于中药材经济价值高，收入可观，且符合当前的国家的产业政策，因而成为当前核桃园间作的主选项目之一。常用于间作的药材种类有丹参、桔梗、柴胡、板蓝根、黄芩、白术、生地、金银花等。

果菜（瓜）间作一般是在紧邻城镇且有灌溉条件的核桃园中进行。常用的蔬菜种类有白萝卜、大白菜、甘蓝以及各种瓜类、草莓等。

果肥（绿肥）间作。间作绿肥是培肥和充分利用核桃园土壤的有效措施。绿肥作物易栽培、产量高、肥效好，是一种优质肥源。在立地条件较差、肥源不足、树势衰弱的核桃园，可在园内隔年间作绿肥作物，于开花现蕾期，通过中耕埋入土中，以起到增加土壤有机质，改善土壤理化性质的效果。苕子、草木樨、苜蓿、绿豆等绿肥作物都适合核桃园间作。可根据土壤等环境特点及绿肥的适应性进行合理地选择，如紫穗槐适应性强，各类土壤均能生长，土壤条件较好的核桃园更能丰产；草木樨、沙打旺耐瘠薄，可在沙地种植；田菁等耐盐碱、喜潮湿，地下水位较高的果园也可种植。多年生宿根绿肥作物可连续生长3～4 年，每年刈割3～4 次，割下的草覆于树盘或果园埋压，增加土壤有机质。

间作时应采用带状或者全园间作。不管采用哪种形式，树下要留出直径 1 米以上的树盘，注意轮作。随着树冠的扩大，逐年减少间作面积。定植 5～6 年后，树冠基本郁闭时，退出间作物。对间作物每年都要进行松土除草、施肥、灌水等，防止荒芜或与树体争水、争肥。

8.1.4 果园耕作

果园耕作包括中耕、除草和松土。

树盘中耕是成龄核桃园的一项重要土壤管理措施，对于土壤条件较差、管理粗放的核桃园尤为重要。树盘中耕可以清除杂草，减少养分和水分消耗；对于降雨少的季节，树盘中耕可以切断土壤毛细管，起到蓄水、保水、保肥的作用。雨季进行树盘中耕，可以疏松土壤，改善土壤通透状况，促进微生物的活动，防止土壤板结，为核桃根系提供良好的生长发育环境。争取做到“有草必锄，雨后必锄，浇后必锄”。中耕可在春、夏、秋三季进行。中耕次数因当地气候条件、雨量和杂草着生情况而定，一般一年需要3～5次，可结合间作物进行。中耕深度一般为6～10厘米，过深容易伤根，对树体生长不利，过浅起不到应有的效果。

除草除了结合中耕进行外，对于面积较大的核桃园也可用除草剂。可试用的除草剂有：扑草净、茅草枯、除草醚、草甘膦等。除草剂虽然省工，但不可长期使用，以免破坏土壤微生物的生存环境以及使杂草产生耐药性。

松土一般在每年的夏季和秋季各进行一次，松土深度一般为10～15厘米，夏季浅些，秋季深些。可用机械或畜力翻耕。

8.2 土壤管理

8.2.1 清耕休闲制

清耕休闲制是一种传统的果园土壤管理制度，目前在生产中仍被广泛应用。实行清耕休闲制的果园内不种其他作物，在秋季深耕、春季浅耕、生长季多次中耕除草，耕后休闲，使土壤保持疏松和无杂草的状态。

清耕休闲法在短期休闲能改善土壤中的水分、空气和营养状况，促进微生物活动和有机物的分解，从而起到增加营养的作用，同时便于果园管理和病虫害防治。但是如果长期采用清耕法，会使土壤结构遭到破坏，有机质减少，并在耕作层之下形成紧实的心土层，坡地清耕还容易造成水土流失。因此，对于有机质含量偏低的核桃园来说，应当考虑改变传统的耕作方法，结合果园生草、覆草等技术来提高土壤有机质含量。

8.2.2 果园生草

果园生草是一项先进、实用、高效的土壤管理方法，特别适合水土流失严重、土壤贫瘠的核桃园，同时也是生产绿色果品和无公害果品的重要技术措施之一。与其他土壤管理方法相比，果园生草具有较好的综合经济效益。果园生草可以防止和减少土壤水分流失，增加土壤有机质含量，提高土壤肥力，改善土壤理化性质，调节土壤温、湿度，有利于果树根系的生长和吸收活动。果园生草使害虫的天敌种群数量增大，从而减少农药的投入及因农药造成的污染。果园生草能够增强土壤排涝能力，便于机械作业，防止冬、春季风沙扬尘造成环境污染。

果园生草可以是全园或带状人工生草，也可以是除去不适宜种类、恶性杂草等的自然生草。生草地不再有除刈割以外的耕作。

人工生草主要采用直播法。果树行间的生草带的宽度应以果树株行距和树龄而定，幼龄果园生草带可宽些，成龄果园可窄些。人工生草适合的草种有：白三叶草、扁茎黄芪、鸡眼草、扁蓿豆、多变小冠花、草地早熟禾、匍匐剪股颖、野牛草、羊草、结缕草、猫尾草、草木樨、紫花苜蓿、百脉根、鸭茅、黑麦草等。人工生草可以使用单一草种，也可以使用两种以上的混合草种。通常多选择白三叶草与早熟禾混种。白三叶草属豆科植物，有固氮能力，能培肥地力；早熟禾耐旱，适应性强，两种草混种能发挥各自的优势，比单一草种效果好。但白三叶耐旱性差，旱地果园种的白三叶，一般死苗率都在30%以上。因此，要根据核桃园的土壤条件和核桃树龄大小因地制宜选用草种。灌区可选用耐阴湿的白三叶为主，旱地可选用比较抗旱的百脉根和扁茎黄芪为主。全园生草应选择耐阴性好的草种类。

自然生草是利用果园自然杂草的生草途径，生长季节任杂草萌芽生长，人工铲除或控制不符合生草条件的杂草，如灰菜、千里光、白蒿、白茅等植株较高的草。

实施果园生草是核桃园土壤管理的高效方法，但生草后必需加强管理，才能发挥果园生草的综合效益，达到丰产、优质的目的。因此，在草种出苗后，应根据墒情及时灌水，随水施氮肥，及时去除杂草。有断垄和缺株时要注意及时补苗。一般草长到30厘米以上时应及时刈割，一个生长季刈割2～4次。通过刈割可控制草的高度、促进草的分蘖和分枝、提高覆盖率和增加产草量，割下的草覆盖树盘。草留茬高度与草的种类有关，一般禾本科草要保住生长点（心叶以下），而豆科草要保住茎的1～2节。草的刈割采用专用割草机。秋季长起来的草，不再刈割，冬季留茬覆盖。

需要注意的是，在生草的核桃园内要禁止放牧，秋后树干涂白或包扎塑料薄膜预防鼠害，冬、春季注意防火。随着土壤肥力的提高可逐渐减少基肥的施用量。基肥可在非生草带内施用。实行全园生草的核桃园，施肥时可用铁锹翻起带草的土，施入肥料后，再将带草土放回原处压实。生草果园最好实行滴灌、微喷灌等节水灌溉措施，防止大水漫灌。果园喷药时避开草以保护草中天敌。注意刮树皮、剪病枝叶后及时清园。一般情况下果园生草5年后草会逐渐老化，应及时翻压更新，使土地休闲1～2年后再重新播草。也有的地区采用喷施除草剂和地膜覆盖的方法进行草的更新。

8.2.3 果园覆草

果园覆草是旱地核桃园实现优质、高产的重要技术措施。果园覆草具有提高土壤肥力，改变地下水、气、热环境，抑制杂草生长，减少病虫害发生和减少锄地用工的作用，可为核桃树根系乃至整个树体创造良好的生长发育环境，促进树体生长发育和提高核桃的产量和品质。

核桃园在一年四季均可进行覆草，以春季、麦收后或秋收后为宜，最好在草源丰富的季节进行。一般在沙地、旱薄地多在春季土温回升后，20 厘米土层处地温达到 20℃时覆盖，黏土地、肥力好的地块上，20 厘米土层处地温达到 22℃时覆盖比较合适。

密闭和不进行间作的成龄核桃园应采用全园覆草，幼龄核桃园宜局部覆草，主要覆盖树盘或树行，春季覆干草，夏季压青草。杂草、树叶、作物秸秆和碎柴草等均可用来覆草，铡碎后均匀地铺在行间和树盘下，草要盖到根系主要分布区即树冠外缘以内。覆草厚度一般 15～20 厘米，春季覆草后一定要压少量土，以防风刮和火灾。局部覆草每亩覆干草 1 000～1 500 千克，鲜草一般 2 000～3 000 千克。全园覆草分别为干草 2 000～2 500 千克或鲜草 4 000 千克。

覆草前结合深翻或深锄浇足水，根据树龄大小，株施氮肥 0.2～0.5 千克，以满足微生物分解有机物对氮肥的需要。覆草后秋施基肥时不要将草翻入地下，草要每年加盖。追肥时可扒开覆草，采用多点穴施的方法，并随肥灌水。土层薄、肥力差的果园可采用挖沟深埋与覆草相结合的方法，连覆 3～4 年后耕翻一次，施足基肥，翌年再覆。

应当注意的是，果园覆草使用的覆盖物是含碳量较高的秸秆及草，覆盖后会引起土壤氮素的暂时固定。因此，覆盖时应适当多施一些氮肥，以防止树体缺乏氮素营养。同时，在使用杂草作为覆盖物时，应除净草籽，不可使用营养繁殖力强的杂草，以防杂草丛生，增加除草难度。对于病害的预防，可于落叶前喷施多菌灵等杀菌剂，以减少病菌基数；翌年惊蛰前，树下喷 600～800 倍辛硫磷，以消灭草丛中的越冬害虫和越冬虫卵。此外，每年将覆盖物清理一次。另外，覆草还会使果树的根系分布相对变浅，上层土壤根系增多，应结合其他技术措施克服。

8.2.4 地膜覆盖

地膜覆盖作为果园土壤管理的一种形式，近些年来应用面积越来越大，显示出广阔的应用前景。在核桃幼园采用地膜覆盖的栽培方式可影响核桃发育的物候期，延长核桃生长期促进核桃幼树成花、坐果。通过地膜覆盖，可有效地改善土壤理化性状，提高土壤温度及增加土壤热量积累，从而促进核桃树营养生长和花芽分化；地膜覆盖可减少水分淋溶，增加土壤的通透性，利于微生物活动，因而能够提高速效养分含量；地膜覆盖可减少风吹雨淋、人工践踏，使土壤保持较疏松状态；地膜覆盖可使反射光线增强，特别是早晚散射光线增加，有利于提高核桃光合作用，增加干物积累量，有利于成花、坐果。

地膜覆盖是在核桃树的行株间覆盖地膜，并在膜上打孔，以利雨水渗入。地膜覆盖的最佳时间是在秋季。早春覆膜利少弊多。早春覆膜可基本完好地保持到夏末，而夏季温度高、雨水大，覆膜造成土壤温度过高、湿度过大，不利于果树生长。而到了需要地膜来增温保墒的晚秋，早春覆的地膜多已严重毁坏，难以起到应有的作用。而秋季土壤水分充足，覆膜有足墒可保，能够减轻晚秋及冬、春的干旱，延长根系的生长活动时期，增加果树根系的新根数和总根量，促进地上部有机同化物的回流及氨基酸等在根系的合成，增加根系对养分的储藏。覆膜若与施基肥结合起来，可增强秋施基肥的效果，同时有效延长土壤生物的活动时间，促进养分的分散与释放，提高树体营养，为果树安全越冬及翌年生长提供良好条件。秋季覆膜到了冬季还可起到保温防冻的作用，延长到春季亦可发挥覆盖的效果，到夏季地膜已损坏，可消除不利的影响。

但值得注意的是，有试验表明，在干旱寒冷的地区，秋、冬季进行核桃幼树的地膜覆盖反而会加重幼树的越冬冻害。由于覆膜地具有较高的温度，幼树根系活动旺盛，休眠程度浅，易造成冻害，应采取其他措施防止冬季土壤干燥以保水保墒。

8.2.5 免耕制

免耕制是欧美国家近年来应用较广泛的一种土壤耕作制度。

在作物的免耕生产系统中不进行机械除草和中耕，用除草剂控制杂草，收获后作物残留物留在地表防止土壤侵蚀。

免耕具有保持土壤自然结构、节省劳力、降低成本等优点。但果树与作物不同，每年制造的有机物质多用于果实和枝干生长，不像其他作物能够给土壤补充大量秸秆、落叶等有机物质。核桃园若采用与作物相同的土壤免耕技术，不耕作、不生草、不覆盖，用除草剂灭草，土壤中有机质的含量得不到补充而逐年下降，并造成土壤板结。采用免耕制的核桃园要求土层深厚，土壤有机质含量较高的园地；或者将免耕制与果园生草、覆草技术结合起来使用，采用行内免耕，行间生草或覆草；或免耕与生草制隔年交替进行。

8.3 核桃营养特点与需肥特性

8.3.1 营养特点

果树的生长发育需要两大类营养物质：一类是有机营养，包括氨基酸、蛋白质、糖和磷脂等，占到树体干物质总量的90%～95%，都是直接或间接由光合作用合成的，由此可见光合作用是果树产量形成的基础；另一类是无机营养，即矿质营养元素，主要是由根系从土壤中吸收得到，占到树体干物质总量的5%～10%。这两类营养物质相互依存，相互转化，对果树的生长发育都起着非常重要的作用。

果树必需的矿质元素包括氮（N）、磷（P）、钾（K）、钙（Ca）、镁（Mg）、硫（S）、铁（Fe）、硼（B）、锌（Zn）、铜（Cu）、锰（Mn）、钼（Mo）、氯（Cl）等，其中氮、磷、钾、钙、镁的需求量较大，在植株体内含量水平以百分之几表示，称为“大量元素”。铁、锰、铜、锌、硼的需求量较小，在植株体内的含量水平常以百万分之几表示，称为“微量元素”。尽管果树对各种矿质元素的需求量差异较大，但每种元素都有各自的作用，都是不可缺少的。否则，就会影响果树的生长发育，并表现出相应的症状。此外，各元素相互间还存在着增效或拮抗作用。增效作用是指某一种元素的存在能促进根系对另一种或多种元素的吸收，即两种元素的配合施用效果会更好。拮抗作用是指某一种元素的过量存在会抑制根系对另一种或多种元素的吸收。因此，在果树施肥时，应注意各种营养元素之间的比例关系，施用量不当也会影响施肥效果。

核桃树生长发育的年周期中，可以划分为以利用树体贮藏营养为主和利用当年合成养分为主的两个不同的营养阶段。

第一个阶段是以利用树体贮藏营养为主的营养阶段。在核桃树的生长发育前期，即萌芽、抽枝、展叶和开花坐果及幼果发育、花芽分化、根系生长等生长发育过程都是利用树体的贮藏养分来完成的。如果贮藏养分充足，则萌芽早、展叶齐、新梢生长迅速、坐果率高、花芽分化质量高。同时，贮藏养分充足时，养分转化期开始晚，结束早，可为高产、优质奠定基础。由于核桃树春季生长发育的营养来源主要是上一年秋季贮藏积累的营养，加强秋季管理，提高贮藏营养水平是实现丰产、优质的基础保证。

第二个阶段是以利用当年合成养分为主的营养阶段。随着核桃春梢迅速生长期的结束，树体贮藏养分消耗殆尽，而此时当年生成的叶片面积迅速增大，制造的光合同化产物逐渐增加，树体开始由利用贮藏养分为主的阶段逐渐向利用当年同化养分为主的阶段转变。在此阶段中，树体营养水平高低与核桃叶面积的增长速度、叶片大小及光合强度有着密切的关系。因此，科学施肥，改善树体营养状况，是实现核桃高产、优质的重要技术途径。

8.3.2 需肥特性

核桃喜肥，但不同年龄时期和不同物候期的需肥量都不尽相同。

核桃不同年龄时期的需肥量不同。核桃树的个体发育可分为四个阶段，即幼龄期、结果初期、盛果期和衰老期。幼龄期，营养生长占主导地位，主干、枝条和根系的加长、加粗生长迅速，为转入开花结果蓄积营养。此期对氮肥的需求量大，必须保证足够的养分供应，同时注意磷、钾肥的施用。结果初期，营养生长开始减缓，生殖生长迅速增强，树体继续扩根、扩冠，结果枝大量形成，产量逐年增加，各种养分需求量增大，特别是磷、钾肥的需求量增大。到盛果期，营养生长和生殖生长达到相对平衡，树冠、根系达到最大范围，枝条、根系开始出现更新，树体需要大量营养，除保证氮、磷、钾的供应外，增施有机肥是保证高产、稳产的重要措施之一。衰老期，产量开始下降，新梢生长量很小，内部结果枝组大量衰弱直至死亡，此期可结合更新复壮修剪，加大氮肥的施用量，促进营养生长，恢复树势。

核桃的需肥期与物候期有关。春季萌芽期新梢生长点较多，生长量大，对氮的需求量较大；花期生殖生长对磷的需求量较大；坐果期养分运输量大，需钾较多。核桃的 3 个养分需求关键期分别在萌芽期、谢花期和硬核期。在整个年周期中，开花坐果期的养分需求量最大。春季核桃叶芽萌发后，生理活动日益旺盛，生长发育迅速加快，新陈代谢增强，需要大量的营养物质和能源物质，才能使抽枝展叶、开花结果等生理活动顺利进行。核桃花后要补充花期消耗的大量养分同时满足幼果生长的营养需要，为减少生理落果、提高坐果率提供保证。硬核期（6 月份），核桃内果皮硬化，核仁发育，同时花芽开始分化，二者都需要大量的磷和钾。若施肥及时，肥量充足，元素协调，则既是当年丰产的保证，又是次年丰产的基础，非常重要。此外，核桃自采收后至落叶休眠前，还有一段时间的生长发育，此期不但花芽要进一步发育成熟，一年生的枝条也要发育成熟，而且树体为了安全越冬，体内还要储存大量的有机物质。因此，秋季应尽早施入以有机肥为主的基肥，这是来年取得丰收的基础和保证。

总的来说，核桃需肥量大，尤其是需氮量要比其他果树多。

氮、磷、钾三种肥料的配施对核桃产量有很大的影响。同时强调硬核期施用钾肥，以促进核桃安全越冬。核桃树如缺少微量元素或供应不足，就会发生生理障碍而出现缺素症，阻碍正常生长，影响产量和品质。因此，核桃施肥，应掌握"施肥量大、元素全面、比例协调、施肥适时、方法得当"的原则。

8.4 施肥技术

8.4.1 肥料的种类和特点

科学合理施肥必须了解肥料的种类和特点。我国目前各地常用的肥料主要包括有机肥和无机肥两大类。

有机肥主要有厩肥、人粪尿、畜禽粪、堆肥和绿肥等。有机肥含有多种营养元素，属于完全肥料，但必须经过腐熟分解后，才能供树体吸收利用，又属迟效性肥料。有机肥能提高土壤有机质含量，改良土壤的水、肥、气、热状况，促进土壤微生物的活动，从而起到培肥土壤、蓄水保肥、持续供应养分的作用。有机肥肥效缓慢，多作基肥施入，用于增加养分的贮备和积累，促进根系生长，增强树体越冬抗性。其中，绿肥是一类很好的有机肥，富含多种营养元素，通过种植和施用绿肥可增加土壤中有机质的含量，提高土壤养分的可给态，改善土壤结构，促进物质循环。

无机肥又称化学肥料，根据其所含营养元素的不同可分为氮肥、磷肥、钾肥和复合肥等。氮肥主要有尿素、碳酸氢铵、氯化铵、硫酸铵等；磷肥主要有过磷酸钙、磷矿粉等；钾肥主要有硫酸钾、草木灰等；复合肥料主要有磷酸二铵、磷酸二氢钾、氮磷钾复合肥等。化学肥料一般所含养分比较单一，但养分含量高，肥效大，见效快，宜少量多次施用。化学肥料易流失、挥发或施后易被土壤固定，属速效性肥料，宜在树体需肥稍前时期施入。生产中多用作追肥和叶面喷肥，也可与有机肥混合作基肥施入。如在核桃开花前，追施硝酸铵、尿素、碳铵等，可以起到保花保果的作用，花后追施氮、磷肥，可以有效地防止生理落果。只含有一种营养元素的单质化肥，在施肥时必须与其他种类的化肥配合施用，才能充分发挥其肥效。

8.4.2 施肥的依据

科学施肥的关键在于准确判断土壤中营养元素和树体营养的盈缺状况。施肥的依据包括形态诊断和营养诊断两方面。

形态诊断是依据果树的外部形态特征，初步判断营养元素的多寡，指导施肥。进行形态诊断要求具有丰富的经验。通常，叶片大而多，叶厚而浓绿，枝条粗壮，芽体饱满，结果均匀，品质优良，丰产、稳产者，说明树体营养正常，否则应查明原因，采取措施加以改善。现将常见的核桃缺素症及毒害症表现描述如下（表 8-1），以供参考。

表 8-1 常见的核桃缺素症及症状表现

元素	缺素症状及症状表现
氮	缺氮时，生长期开始叶色较浅，并逐渐变黄，叶片稀而小，常提前落叶，新梢生长量减少，树势衰弱，落花落果严重；严重时，植株顶部小枝死亡，产量明显下降。但在干旱及其他逆境条件下，也可能发生类似现象。氮肥施用过量，常引起枝叶徒长，组织不充实，果实成熟期推迟，耐藏性降低，生理病害加重
磷	缺磷时，树体一般很衰弱，叶片稀疏，小叶片比正常时略小，叶片出现不规则黄化和坏死，提前落叶。磷过剩时，则影响氮、钾、镁的吸收，还可导致植物体内及土壤中铁的活性降低，叶片变黄，并引发缺锌造成的小叶病
钾	缺钾症状多表现在枝条中部叶片上，刚开始叶片变灰白（类似缺氮），然后小叶叶缘呈波状内卷，叶背呈现淡灰色（或青铜色），叶和新梢生长量减少，坚果变小
钙	缺钙时，根系短粗、弯曲，尖端不久变褐枯死。地上部首先表现在幼叶上，叶小、扭曲、叶缘变形，并经常出现斑点或坏死，严重时枝条枯死。缺钙果实生理病害加重。钙素过多，铁、锰、锌、硼等易转化为不可利用状态，出现缺素症

（续）

元素	缺素症状及症状表现
铁	缺铁时，幼叶失绿，叶肉呈黄绿色，叶脉仍为绿色，严重缺铁时叶小而薄，呈黄白或乳白色，甚至发展成烧焦状和脱落。由于铁在树体内不易移动，因此最先表现缺铁的是新梢顶部的幼叶
锌	缺锌时，枝条顶端芽的萌芽期延迟，叶小而黄，呈丛生状，称为“小叶病”，新梢细，节间短；严重时，叶片从新梢基部向上逐渐脱落，枝条枯死，果实变小
硼	缺硼时，树体生长迟缓，枝条纤细，节间变短，小叶呈不规则状、有时呈萼片状；严重时顶端抽条死亡。硼过量可引起中毒，使组织坏死，症状首先表现在叶尖，逐渐扩向叶缘，严重时坏死部分扩大到叶内的叶脉之间，小叶边缘上卷，呈烧焦状
镁	镁是叶绿素的主要组成元素。缺镁时，叶绿素不能形成，表现出失绿症，首先在叶尖和两侧叶缘处出现黄化，并逐渐向叶基部延伸，留下 V 形绿色区，黄化部分逐渐枯死呈深棕色
锰	缺锰时，表现有独特的褪绿症状，失绿是在叶脉间从主脉向叶缘发展，褪绿部分呈肋骨状，枝梢顶叶仍为绿色。严重时，叶子变小，产量变低
铜	缺铜时，新梢顶端的叶片首先失绿变黄，后出现烧焦状，枝条轻微皱缩，新梢顶部有深棕色小斑点。果实轻微变白，核仁严重皱缩

营养诊断是国外广泛采用的确定和调整果树施肥的方法。营养诊断能及时准确地反应树体的营养状况，分析出各种营养元素的不足或过剩，分辨不同元素引起的相似症状，并能在症状出现前及早测知。因此，以营养诊断为依据进行科学施肥可以保证果树树体的正常生长和发育。营养诊断包括叶分析和土壤分析，是按照统一规定的标准方法测定叶片中矿质元素的含量，通过与叶分析的标准值进行比较，确定该元素的多寡，再依据当地土壤养分状况（即通过土壤分析得到的结果）、肥效指标及矿质元素间的相互作用，科学制定施肥方案及肥料配比，指导施肥。

8.4.3 确定合理的施肥量

核桃施肥量的确定是以土壤的养分状况和核桃树对养分的需

求为依据的。此外，土壤的酸碱度、地形、地势、土壤温湿度以及土壤管理等对施肥量、施肥方法均有影响。确定合理的施肥量就是要做到既不过剩又经济有效地利用肥料。

要维持树体所需元素间的平衡，应在营养诊断的基础上，确定合理的施肥量。

某元素的合理用量＝（生物学产量×植株该养分的平均含量－土壤供应量）÷肥料中养分的利用率

如果不具备进行营养诊断的条件，也可根据经验值来确定施肥量。

我国根据核桃树的生长发育状况及土壤肥力和不同栽培管理水平，提出了早实核桃和晚实核桃的参考施肥量。在中等肥力的土壤上，按树冠垂直投影（或冠幅）面积计算，晚实核桃栽植后1～5年，每平方米每年施用有效成分氮50克，磷和钾各10克；6～10年内，每平方米每年施氮50克，磷、钾各20克，每平方米年施有机肥（厩肥）5千克；早实核桃结果早、营养消耗大，施肥量应多于同龄晚实核桃，1～10年生，每平方米年施有效成分氮50克，磷、钾各20克，有机肥5千克。20～30年生的核桃树每株有机肥的用量一般不低于200千克。如土壤条件较差、树的长势较弱且产量较高时，应适当增加基肥的用量。肥源不足的地区可广泛种植和利用绿肥。

8.4.4 施肥时期及方法

根据肥料的性能和施肥时期的不同可分为基肥和追肥两大类。

1. 基肥 以腐熟的有机肥为主，是能在较长时期供给核桃多种养分的基础性肥料。基肥一般在秋季施入，在果实采收后至落叶前这段时间内尽早施入。秋季来不及施入的可在春季施入。秋施基肥可促进花芽分化、根系生长，提高树体营养贮藏水平，有利于来年的枝叶生长和开花、坐果。秋施基肥越早越好。幼龄核桃园可结合深翻施入基肥，成龄园可采用全园撒施后浅翻土壤的方法施入基肥，施入基肥后灌一次透水。

2. 追肥 是在基肥的基础上，根据树体生长发育需要及时补充的速效性肥料。以速效化肥为主。追肥可供给树体当年生长发育所需的营养，既有利于当年壮树高产和优质，又为来年的生长结果打下基础，是生产中不可缺少的环节。高温多雨的地区或砂质土壤，肥料易流失，追肥宜少量多次。幼树追肥次数宜少，一般每年 2～3 次，随着树龄增大和结果量增多，追肥次数增多，成年树一般每年 3～4 次。核桃 3 次主要的追肥时期分别为：

（1）第一次追肥 早实核桃在雌花开花前，晚实核桃在展叶初期进行。以速效性氮肥为主，如尿素、硫酸铵等。此期追肥可促进开花、坐果，利于新梢生长发育。对于进入盛果期的核桃树，一定要在春季萌芽前追施速效性氮肥和磷肥，施肥量应占全年追肥量的 50％以上，否则前期营养不足会阻碍树体生长发育、影响开花、坐果。

（2）第二次追肥 早实核桃在雌花开花以后、晚实核桃在展叶末期施入。以氮肥为主，配合适量磷、钾肥。此时追肥可促进果实发育，减少落果，利于枝条生长和木质化。施肥量应占地全年追肥量的 30％。

（3）第三次追肥 主要是针对进入结果期的核桃，在 6 月下旬果实硬核后进行的一次追肥。以磷、钾肥为主，配施少量氮肥。此期追肥的目的主要是满足种仁发育所需大量养分，提高坚果品质，同时促进花芽分化，为来年的开花、坐果打好基础。此次追肥量应占到全年追肥量的 20％。

此外，具体施肥时期的确定还受到土壤中的营养和水分状况的影响，对于贫瘠的土壤，春季多次追肥十分重要，而有机质含量高的肥沃土壤上则可减少施肥次数。土壤含水量会影响肥效的发挥，土壤缺水时，施肥常有害无利，因此要根据能否供应水分确定施肥期，缺水地区应在降雨期施肥。

3. 施肥方法 我国目前所采用的核桃施肥方法主要是土壤施肥和叶面喷肥两种。

土壤施肥可与土壤翻耕结合进行。为了便于根系的吸收利用，发挥最大肥效，土壤施肥时必须将肥料施入根系的集中分布层。具体方法有以下几种，可根据实际情况选用最适宜的施肥方法。

（1）环状沟施肥　沿树冠在地面投影的外围挖环状沟，沟宽30～40厘米，基肥沟深30～50厘米，追肥沟深15～20厘米，将肥料与表土混合均匀施入沟内，再盖上底土。环状沟应逐年外移。此法操作简便、用肥经济，但施肥范围较小，常用于5年生以下的核桃幼树（图8-1）。

（2）放射沟施肥　是在5年生以上的核桃园采用的主要施肥方法。一般以树冠在地面的投影为标准，向内占2/3，向外占1/3，挖4～8条放射状沟，沟长1～2米，沟宽30厘米左右，沟深25～30厘米，沟内施肥、覆土、灌水。施肥沟的位置每年要错开。挖沟时应尽量避免伤直径1厘米以上的大根（图8-2）。

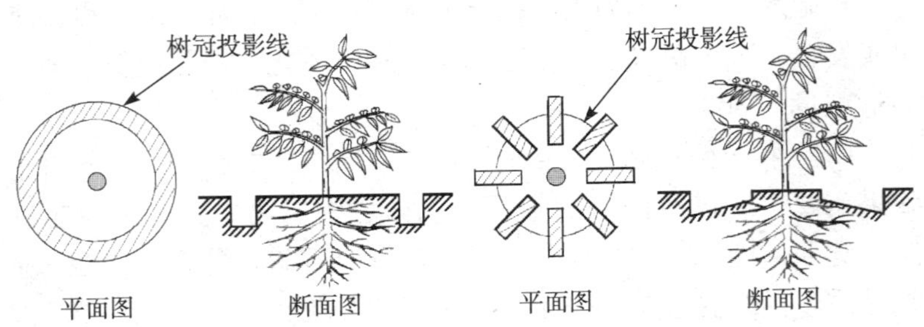

图8-1　环状沟施肥　　　　图8-2　放射沟施肥

（3）条状沟施肥　适用于幼树、成年树和密植园，是在核桃树株间或行间的树冠投影的一侧或两侧挖长约为冠径的2/3或与冠径相等的沟。沟宽40～50厘米，施基肥沟深40～60厘米，追肥沟深15～20厘米。每年轮换在行间和株间开沟施肥，可结合土壤深翻进行。此法伤根相对较少，但施肥部位存在局限性，可与放射沟施肥轮换使用，扩大施肥面，促进根系吸收（图 8-3）。

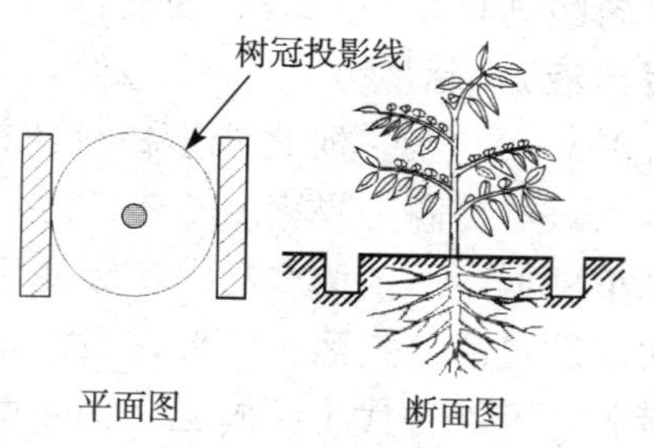

图 8-3 条沟施肥

（4）穴状施肥 适用于树冠较大、根系分布较广和行间有间作的核桃园，多用于追肥。以树干为中心，在距树干 1～1.5 米以外的位置，挖若干直径 30～40 厘米，深 25 厘米左右的施肥穴，将肥料施入其中，封土后灌水。此法节约肥料，方法简便（图 8-4）。

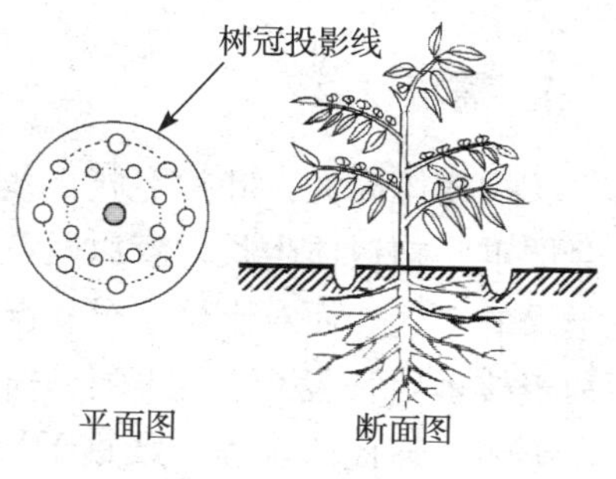

图 8-4 穴状施肥

（5）全园撒施 盛果期核桃园，果树根系已布满全园，施基肥时可将有机肥均匀撒在地面上，然后再翻入土中，深度一般约为 20 厘米。此法简便易行，缺点是施肥部位较浅，容易造成根系上返。

此外追肥还可采用渗灌施肥法，将可溶性肥料溶入水中，通过滴灌或渗灌系统随水追肥，此法供肥及时，分布均匀不伤根，不破坏土壤结构，又可节约化肥。此法又称为“肥水一体化”。

（6）叶面喷肥 又称根外追肥，是将一定浓度的肥料溶液直接喷洒到叶面上。此法用肥少、肥效快、利用率高，可及时满足核桃树体对养分的需求，同时可避免土壤施肥部分元素会被固定的缺点。叶面喷肥可分别在花期、新梢迅速生长期、花芽分化期及采收后进行，选择晴朗无风的天气，在上午 10 时以前或下午 4 时以后进行叶面喷洒。气温过高时会使溶液浓缩而发生叶灼现象。一般叶背的吸肥能力较强，叶面喷肥时应着重喷施叶背。叶面喷肥的种类和浓度为：尿素0.3%～0.4%，过磷酸钙0.5%～1%，硫酸钾0.2%～0.3%（或1%的草木灰浸出液），硼酸0.1%～0.2%，钼酸铵0.5%～1%，硫酸铜0.3%～0.4%。河北涉县核桃花期喷布0.3%的硼加0.3%的尿素，可提高坐果率9%～17%。叶面喷肥总的原则是生长前期浓度低，后期浓度高。实际使用时应先做小规模试验，以避免浓度过高产生药害。应注意的是叶面追肥仅是一种补充施肥措施，不能替代土壤施肥。如果两种施肥方法结合使用，互为补充，可发挥施肥的最大效果。

8.5 节水灌溉

8.5.1 需水特点

核桃树体高大，叶片宽阔，蒸腾量较大，需水较多，水分不足会严重影响树体生长发育以及花芽分化和坚果产量。核桃能耐较干燥的空气，而对土壤水分状况却很敏感，土壤过干或过湿都不利于核桃生长发育。土壤干旱有碍根系吸收和枝叶的蒸腾作用，影响生理代谢过程，严重干旱时可造成落果甚至提前落叶。幼树遇前期干旱后期多雨气候易引起徒长，导致越冬后枝条干梢。土壤水分过多通气不良，会使根系生理机能减弱而生长不良，核桃园地下水位应在地表2米以下。在坡地上种植核桃必须修筑梯田等搞好水土保持工程。在易积水的地方必须解决排水问题。

我国年降雨量在600～800毫米而且分布均匀的地区，基本上可以满足核桃生长发育的要求。我国南方绝大多数核桃产区的年降水量在1 000毫米以上，除干旱年份外一般不需要浇水。北方地区年降水量多在500毫米左右，而且分布不均匀，多表现为春季干旱少雨，应适时灌水。研究表明，当田间土壤最大持水量低于60%（土壤绝对含水量低于8%）时，需要及时灌水。

8.5.2　灌水时期与灌水量

依据核桃的需水关键期所确定的灌水时期主要有3次。

第一次灌水在春季核桃树萌芽前后。北方地区的3月下旬至4月上旬，核桃要完成萌芽、抽枝、展叶和开花等生命过程，需要充足的水分供应。此时恰逢北方春旱季节，如果土壤墒情较差，应及时进行灌水。目的是减轻春旱，促使秋施肥继续发挥肥效，促进树体生长和结果。

第二次灌水在立夏以后花芽分化前。北方地区5～6月，是雨季来临前的缺水干旱季节。此时正值果实膨大和树体迅速生长期，其生长量可达全年生长量的80%以上，而且雌花芽已经开始分化，树体内的生理代谢十分旺盛，如果水分不足，不仅会导致大量落果，而且会影响花芽分化。此期干旱少雨应及时灌水。

第三次灌水在果实采收后至落叶前。10月下旬至落叶前，可结合秋施基肥进行灌水，要求灌足灌透，有利于基肥腐烂分解和受伤根系的恢复、促发新根以及树体贮藏营养，为来年萌芽、开花和结果奠定营养基础。

在水源充足的地方还可在土壤上冻前再灌一次透水，俗称“打冻水”，可以提高树体抗寒能力，对核桃树越冬非常有利。

最适宜的灌水量，应在一次灌溉中，使根系分布范围内的土壤湿度达到最有利于核桃生长发育的程度。一般一次灌透需要浸润土层1米以上。灌水量的确定可根据土壤持水量、灌溉前土壤湿度、土壤容重、要求土壤浸润湿度等来计算，即：

灌水量＝灌溉面积×要求土壤浸润程度×土壤容重×（田间持水量－灌溉前土壤湿度）

应该注意的是，核桃园水分管理应前促后控，即春季多浇水，雨季还应注意排水。其目的在于控制新梢后期徒长，促进树体健壮，提高开花及坐果率。

8.5.3 灌水方法

核桃园可采用常规灌溉，提倡节水灌溉。常用的灌溉方法有：畦灌、盘灌、沟灌、穴灌、喷灌、渗灌和滴灌等，其中喷灌、渗灌和滴灌属于比较先进的节水型灌溉方法。

1. 畦灌 畦灌也叫分区灌溉，是将核桃园整个树行做成多个大畦，引水灌溉的方法。要求地势平坦，水源充足。该方法具有湿润范围大、灌水量大、方法简便的优点，其缺点是用水量大，易造成土壤板结，灌后需及时中耕松土。

2. 盘灌 盘灌是在树盘引水灌溉。灌溉前可先疏松盘内土壤，使水容易渗透，灌溉后耙松表土，或用草覆盖，以减少水分蒸发。该方法的优点是灌水量小，节水，对土壤结构破坏小。但浸润土壤的范围较小，仍有使土壤板结和破坏土壤结构的缺点。

3. 沟灌 沟灌是在核桃树行间开沟引水灌溉的方法。它具有灌水量小，用水经济，可减少土壤无效蒸发，水分利用率高，灌后覆土不造成土壤板结等优点，而且便于机械化耕作，但浸润面积较小。

4. 穴灌 穴灌是在树冠投影的外缘挖穴，将水灌入穴中，以灌满为度。穴的数量依树冠大小而定，一般为8～12个，直径30厘米左右，穴深以不伤粗根为准，灌后将土还原。干旱期的穴灌，可将穴长期保存，而不盖土。此法用水经济，浸湿根系土壤范围较宽且均匀，不会引起土壤板结，适宜在水源缺乏的地区推广运用。

5. 喷灌 喷灌是由水源、动力水泵、输水管道及喷头组成的半自动化灌水方法。与传统的灌溉相比，可节水10%～30%，且可保持土壤原有疏松状态，减少对土壤结构的破坏。喷灌可结合叶面喷肥同时进行，具有调节果园小气候、提高坚果品质等优点。

6. 渗灌 渗灌加秸秆覆盖是干旱果园节水保水的有效技术措施之一，具有省工、省水、成本低、效益高、便于使用、不蒸发损耗、不板结土壤等特点。渗灌系统包括蓄水池、渗水管、阀门3部分，蓄水池容量在10米^{3}以上，渗水管用与树行等长、直径2厘米的塑料管，每间隔约40厘米左右在管两侧及上面打3个针头大的小孔，总管装在距池底高约10厘米的阀门上，渗水管上安装过滤网以防管道堵塞。行距3米的果园每行宜埋1条渗水管，行距4米以上的应埋两条渗水管。水通过塑料管上的小孔，源源不断地渗入根际范围的土壤中。

7. 滴灌 水源通过滴灌装置形成水滴或细水流，缓慢渗透到根部土层中。此法较喷灌省水50%左右，约为普通灌水量的1/4～2/5，可维持稳定的土壤水分，同时可保持根域土壤的通气性，节省劳力，不受园地地形限制，增产显著。

有条件的核桃园可尽量采用喷灌、滴灌或渗灌等节水灌溉方法。滴灌、渗灌等还可实行水肥一体化，与追肥同时进行，省时省力，效果好。

8.5.4 果园排涝

在降水量大的地区及年份和降水集中的季节，要挖沟排涝。由于我国绝大多数核桃产区位于山区和丘陵地区，自然排水条件良好，不需要人工排涝。但对于地处平地和自然排水不良的低洼地区的核桃园，要注意在雨季及时排涝。

8.6 果园土、肥、水综合管理新技术

8.6.1 地膜覆盖穴贮肥水技术

地膜覆盖穴贮肥水技术是果树栽培的一项新技术，广泛适用于土层较薄、无浇灌条件的山丘地及干旱缺水地区的核桃园。地膜覆盖穴贮肥水技术是在核桃树根系集中分布层埋设草把并加盖

地膜的措施，研究表明通过此项技术可以提高早春土壤的温度和湿度、改善土壤结构、促进根系生长，增加肥料的有效性，增强根系吸收水分和养分的能力，从而提高果枝质量，促进成花，使果树产量和品质得到明显提高。

我国北方不少核桃园均建立在山丘薄地和缺水地区，一般土层较薄，保水、保肥能力差，肥力低，有机质含量多在0.3%左右，严重影响了果实的产量和品质，经济效益低。为此，采用地膜覆盖穴贮肥水技术可取得良好的效果。

地膜覆盖穴贮肥水的最佳时间为每年春季果树发芽前，即在3月下旬至4月上旬进行。具体技术如下：将作物秸秆或杂草等捆成直径20～40厘米、长35～45厘米的草把，放在水中（也可在水中加入约10%的粪、尿或沼气液等）浸泡一昼夜，浸透待用。贮肥穴的位置应在根系的集中分布区，一般在树冠投影边缘向内50～70厘米处，挖深为40～50厘米、直径比草把稍大（一般25～45厘米）的贮肥穴，贮肥穴的数量要按照树冠的大小来确定，一般以4～8个为宜。将浸透水的草把立于穴中央，草把周围施入100～150克过磷酸钙，然后用混加有机肥的土壤填实（每穴5千克土杂肥或复合肥），施入50～100克尿素并适量浇水，水渗入后再覆土1厘米，然后整理树盘，使贮肥穴低于地面1～2厘米，形成盘子状，以利于聚集水分。每穴再浇水3～5千克。如果是在盐碱地果园，应在每个贮肥穴中加施500～1 000克酒糟后再埋草把。

地膜覆盖所选用的地膜为0.02～0.03毫米厚的普通塑料薄膜。覆盖范围以树干为中心，直到将营养穴全部盖住。一般单株的覆盖面积为：树冠径为3米以下，覆盖膜1～1.5米^{2}为宜；树冠径为3.5～4米，覆盖膜4米^2；树冠径为5米以上，覆盖膜6～8米^2。覆膜前，先锄杂草，整平地面，将膜紧拉平展，盖在穴的四周及两穴中间结合处，然后用土压实即可。贮肥穴应覆于地膜下，并要在贮养穴中心位置的地膜上戳一小孔，再压一小石块，一方面可避免水分损失，另一方面便于以后施肥、浇水管理。

贮肥穴的管理：一般在花后、新梢停长期和果实采收后 3 个时期，每穴追肥 50～100 克尿素或复合肥，将肥料置于草把顶端的小孔处，随肥浇水 3.5 千克左右。待水渗入草把后，再覆土 1 厘米。进入雨季，即可把地膜撤除，使穴内贮存雨水。春末、夏初在地膜上覆土 1～2 厘米，可防除杂草。一般贮肥穴可维持2～3 年，发现地膜损坏后应及时更换，再次设置贮肥穴时要更换位置，逐渐实现全园改良。

地膜覆盖穴贮肥水技术主要是通过采用地膜覆盖来达到防止土壤水分蒸发的目的。穴的作用是将有限的肥、水集中，以提高土壤中局部地区肥、水含量；草把的作用是吸收对于果树来说暂时多余的肥、水，然后再慢慢释放出来，稳定地供肥、供水，减少肥水损失。此项技术可明显改善果树的生长发育状况，达到显著增产和壮树的目的，在应用上方法简便、取材容易、投资少、成本低、效果好、节约用水（比大田灌溉节水 70%～90%），易于推广。

8.6.2 施用稀土微肥

植物体中稀土元素的含量很低，且不同器官的含量差异较大，一般分布为：根＞茎＞叶＞花＞果实和种子，植物吸收的稀土元素约 80%集中在根部。核桃树施稀土微肥，可促进根系对氮、磷、钾和钙、镁、铁、锌的吸收，提高叶片氮、磷、钾的含量，减轻和避免缺素症。稀土微肥可促进植物叶片氮代谢，提高叶片组织中的叶绿素含量，增强光合强度，促进树体生长，并能明显地减少叶片水分的蒸发，降低蒸腾强度，从而提高核桃树的抗旱能力。因此，干旱和半干旱地区果园，或灌溉条件差的果园施稀土微肥效果极为明显。

核桃树施用稀土微肥后，可促进根系对营养元素的均衡吸收，确保树体健壮生长，提高树体的抗逆性、抗药性。促进种子萌发，提高栽植成活率。促进树体生长发育，提高坐果率，增加产量、改善果实品质。

1. 施用原则 稀土微肥稀释时，应用pH5～6的洁净水。稀土微肥在碱性溶液和硬水里不能溶解，且易沉淀，因此，不可和碱性肥料混合使用。在配制时应用硝酸或醋酸将水的pH调至5～6；稀土微肥与适宜浓度的硼、乙烯利、叶面宝等激素或叶面肥配合使用，增产效果更为明显。然而稀土微肥不能代替有机肥或无机肥，只有在各种养分充足的条件下，施用稀土微肥才可提高肥效。施用时必须与其他施肥结合起来。因为稀土微肥能促进植物对营养物质的吸收，但不能提供营养。所以，在施用稀土前后1天，应施肥一次。

2. 施用方法和时期 稀土微肥水溶液要现用现配。可采用叶面喷施、土壤沟施、浸砧、蘸根或拌种，也可浸泡插条或接穗。一般以叶面喷施为宜，选择无风或微风的晴天上午10时前或下午4时后喷施。若喷施后2小时内遇雨，要重喷一次。施用时期：幼树分别在立春、立夏和立秋前后，各喷一次0.03%～0.05%浓度的“农乐”稀土微肥水溶液；结果树在始花期和幼果期各喷一次0.05%～0.1%浓度同样的稀土微肥水溶液，可增产26%左右。

3. 施用浓度 稀土微肥溶液的施用浓度要严格按照使用说明书配制，或通过试验确定最佳使用浓度。施用稀土微肥超过临界浓度就会抑制对矿物质的吸收和树体生长发育，且随浓度的加大肥害加重，严重时会灼伤花瓣、叶片及幼梢，甚至引起次年枝条枯死。高浓度的稀土微肥还会降低植株的抗逆性和抗病性。

4. 果树施用稀土微肥需注意的事项 施用稀土微肥要考虑土壤条件、常用肥料用量的配比。稀土不能与磷酸二氢钾混用，否则易生成沉淀物而不能被植物吸收。稀土微肥不宜用铁、铝等金属器具盛装，拌种、浸种时可用木桶、塑料、搪瓷容器。播种后剩余的种子不能食用或作为饲料用。忌与氨水及铵盐、碳酸盐、磷酸盐等共沉淀物同施；现配现用，不要放置太长时间；避大风、大雨、暴晒等。大量试验证明：在可给态含量低的地区施用稀土效果较好，且在适量施用氮、磷、钾肥的基础上效果更佳。高浓度的稀土微肥也能抑制生长。配制的稀土微肥溶液 pH 最好调节在 6.0～6.2。过酸对植物叶片会造成伤害，过碱则溶液会产生沉淀。

8.6.3 施用光合微肥

光合微肥是一种营养型叶面肥料，除含有植物所必需的氮、磷、钾三要素及钙、镁、硫、铁、锰、锌、铝、铜等多种微量元素外，还含有光呼吸抑制剂（即光合肥），具有改善植物营养状况、促进生长发育、提高光合效率、减少营养消耗、加速养分运转、增加物质积累等多种功效。光呼吸是影响生物产量的重要因素之一，生物产量是构成经济产量的基础。光呼吸是绿色植物照光后引起的耗氧和释放二氧化碳的生理现象。它是一个消耗过程。光合微肥用光合肥抑制作物的光呼吸，减少无效消耗，提高光合效率，达到作物增产、增收的目的。微量元素肥料是植物进行生命活动的必需条件。随着氮、磷、钾肥的大量投入、复种指数及单位面积产量的提高所需微量元素也随之增加，添加微肥加强了光合微肥的增产效果。

喷施光合微肥时应注意浓度不宜过大，浓度过大效果反而不明显。从多方面肥效分析，生产中使用以 500～800 倍为宜。

光合微肥喷用时最好是单用，也可以和农药混用，因其呈弱酸性，故可与酸性、中性、弱碱性农药混用。至于代森锰锌（保护性杀菌剂），因其遇酸、碱分解，故不能与铜制剂和碱性农药混用，光合微肥中含铜，最好两者不要混用。无论是光合微肥或是农药，混用时不可种类太多，否则效果不好。

8.6.4 树干自动滴输注肥技术

树干自动滴注微肥可以促进树体营养生长和发育，提高核桃树花粉生活力及坐果率。利用树体输液技术可以减轻或缓解干旱地区的树体水分亏缺，在关键时刻对树体进行及时补水，保证花芽分化、果实发育等临界期的水分供应。

树干自动滴输注肥的方法是：在树干基部距地面 10 厘米处钻一小孔，深达木质部，根据树体营养诊断结果配好营养液装入输液瓶中，通过一次性输液器向孔内木质部输液。输入的液体可随木质部导管里的水分向上运输到达树体各部位。根据树体对营养液的吸收速度调节输液速度。输液时间应避开伤流期进行。输液后，用杀虫、杀菌剂处理伤口，同时用湿泥封闭伤口，用黑塑料布绑缚保护，防止病虫侵入。

不同树龄、树势的输液量差异较大。树龄大，输液量就大，同时气候条件对树体接受输液量也有有较大影响，天气干旱、蒸腾强度大时，输液速度快，树体水分消耗量大，接受外来输液量就大，否则就小。肥料输入浓度过低作用不大，输入浓度过高会造成药害，首先表现症状的是叶片，叶缘干焦，继而萎蔫，伤害严重时会造成芽萌动受阻。而且单纯输入化学盐类效果也不好，刘根保等人对施用浓度和配方进行了反复研究，筛选出了最佳浓度和配方，申报了国家发明专利。在不同药液配方中，加入络合剂后可以减缓同价元素间的拮抗作用，减轻药肥害的发生。尽管如此，不同立地及气候条件下树体输液施用量与剂量率之间的关系仍是一个复杂问题，需进一步研究解决。

8.6.5 化学覆盖技术与土壤结构改良剂应用

随着经济社会的发展，水资源短缺问题已成为我国农业和经济社会发展的制约因素。旱地农业节水保水技术显得尤为重要。

化学覆盖技术是诸多节水技术中的一种，它是利用沥青乳剂、环氧已烷和高碳醇制剂、合成脂肪酸残渣制剂等土壤表面保墒增湿剂制成乳状液，喷洒到土壤表面，形成一层覆盖膜，对土壤水分的蒸发有阻碍作用，但却不影响降水渗入到土壤中去，从而达到保水、节水和有效供水的目的。目前在世界旱地农业中主要应用的是比利时 Lalofima 公司的两种化学制剂：一是沥青制剂哈莫菲纳（Homofina），简称 HA。该制剂外观为棕黑色乳胶液，基本成分为沥青，为亲水性乳剂，能任意用水稀释而不产生沉淀，能使水分保持在土壤中，当其水分蒸发后，干燥沥青遇水后能重新分散，具有可逆性变化，适于干旱地区。另一种是聚丙烯酰胺制剂（Polyacryiamde），简称 PAM。该制剂外观为乳白色胶状液，基本成分为聚丙烯酰胺，亦可任意用水稀释而不分层，带有很多活性基团，生物稳定性强，在土壤中不易被微生物降解，无毒性。尽管抗旱节水化学覆盖技术研究已有几十年的历史，但在生产中并未大面积推广应用，仍有许多问题有待进一步解决。

土壤改良剂应用在节水农业中，可以起到改土、节水、保肥的作用。土壤结构改良剂是根据团粒结构形成的原理，通过改善土壤内在结构和物质组成达到改良土壤结构的目的。利用植物残体、泥炭、褐煤等为原料，从中抽取腐殖酸、纤维素、木质素、多糖羧酸类等物质，作为团聚土粒的胶结剂，或模拟天然团粒胶结剂的分子结构和性质所合成的高分子聚合物。前一类制剂为天然土壤结构改良剂，后一类则称为合成土壤结构改良剂。合成土壤改良剂的种类有 BIT 乳剂、PAM 等高分子聚合物类土壤改良剂等。

土壤改良剂的施用方式主要是喷施和拌施。拌施是将粉剂直接撒施于表土中，由于土壤改良剂很难溶解进入土壤溶液，所以这种施用方法的改土效果较小。在相同情况下，将改良剂溶于水进行喷施，土壤的物理性状会得到明显改善。

土壤改良剂的用量应遵循适量原则。用量过大，不仅成本高、投资大，有时还会发生混凝土化现象，用量过少又起不到作用。研究表明，同一种土壤改良剂在不同类型、性质的土壤上的应用效果有显著差别，不同的施用方法和不同的施用量对土壤改良剂的应用效果也有差别，甚至同一土壤改良剂，在同一土壤的不同土层内施用，其施用效果也不同。因此，具体应用时还要根据初步试验的结果来确定合理的用量。

9 病虫害综合防治

与其他的果树树种相比，核桃的病虫害发生相对较少，但是发病或者虫害发生时，仍然会对生产造成一定的影响，如导致树势衰弱，产量下降，果实品质劣变，严重时可造成树体死亡，甚至整片核桃园的绝收甚至毁灭，因而防治核桃病虫害的工作很重要。核桃丰产、优质的关键技术有很多项，而其中的重要任务就是及时防治直接影响核桃生长发育的病虫害，以保障核桃的产量和品质。

9.1 病虫害综合防治策略

病虫害防治的方法多种多样，实际应用时应本着“预防为主，综合防治”的原则，以农业防治为基础，合理使用农药，利用生物防治、物理防治结合化学防治的综合防治措施，经济、安全、有效地控制病虫害，以达到提高核桃产量、保证质量、保护生态环境和人们身体健康的目的。

农业防治是病虫害综合防治措施的重点，可以减少农药的使用，利用园地选择与规划设计及栽培管理等农业措施防治病虫害。主要措施有：选择抗病品种；增施有机肥，改良土壤，合理修剪，修剪时剪除虫茧，增强树势；秋末树干涂白，提高树体抗病能力；进行果园翻土、清园，减少病源和虫源，及时捡拾落果，清除园内杂草、落叶并销毁，耕翻树盘土壤，破坏虫害生存场所并抑制其发育，清理越冬态害虫；进行核桃园生草和间作，增加有益微生物，改善园区生态条件。

物理防治对于病害主要是指刮除患病的病斑，对于虫害主要是对害虫进行诱杀、捕杀和阻隔。诱杀是指利用害虫的趋性，投其所好，人为诱集害虫加以消灭，例如利用黑光灯（紫外光灯）诱杀趋光性害虫。捕杀是指利用人力和简单机械，捕杀有群集性或假死性的害虫，如利用竹竿打枝条击落木橑尺蠖的幼虫，在金龟子成虫期进行振落捕杀等。阻隔是指根据害虫的活动习性，人为设置障碍，防止幼虫或某些不善飞行的成虫扩散和迁移。

生物防治主要是利用害虫的天敌和有益的微生物进行病虫害的防治。害虫天敌主要有瓢虫、草蛉、胡蜂、蚂蚁、食蚜蝇、寄生蜂和寄生蝇等。杀虫细菌有芽孢杆菌、苏云金杆菌，真菌有白僵菌、绿僵菌，病毒有桑毛虫核多角体病毒、刺蛾病毒等。微生物治病主要是利用各种菌类的代谢产物即抗生素，如多抗霉素、链霉素等，也可利用施用昆虫激素进行性诱剂诱杀雄性害虫，利用特异性害虫生长抑制剂防治害虫，还可利用养鸡、招引取食害虫的益鸟等方式进行害虫的生物防治。

化学防治是目前使用较多的防治病虫害的方法，见效快，用途广，但是可能会导致病虫害产生抗药性，并且会污染土壤和地下水，发生药害，还易杀伤天敌，且果品农药残留对人体有害。因此，出于保证人类健康、保护环境和减少病虫抗药性的考虑，应该禁止使用强毒性农药甚至是剧毒农药，而建议推广应用生物源农药、矿物源农药、植物源农药、昆虫生长调节剂类等防治病虫害，确保无公害核桃丰产优质。

9.2　主要病害及其防治

在我国，核桃病害种类主要有30多种，其中较为常见和为害较为严重的有：核桃炭疽病、核桃细菌性黑斑病、核桃腐烂病、核桃溃疡病、核桃白粉病、核桃枝枯病、核桃褐斑病等。

9.2.1　核桃炭疽病

1. 分布与发生特点　核桃炭疽病一般发病多在6～8月，各地略有不同。江苏、河南、山东为6月下旬至7月上旬，河北、辽宁为 8 月份。病菌以菌丝、分生孢子在病果、病叶或芽鳞中越冬，翌年产生分生孢子借风雨或昆虫传播，从伤口或自然孔口侵入，发病后产生孢子团借雨水溅射传播，进行多次再侵染。发病早晚与轻重和当年雨水有密切关系，一般雨日多、湿度大、通风透光不良易发病，如当年雨季早、雨水多，则发病早且重，反之，则发病晚或轻。品种间抗病性不同：新疆的阿克苏、库车丰产薄壳类型易染病，晚熟种发病轻。

2. 病原及为害症状 为真菌侵染病害，有性态称小丛壳，属子囊菌门真菌。无性态为胶孢炭疽菌，属半知菌类真菌。

主要为害核桃果实，在叶片、芽及嫩梢上亦有发生。一般病果率为 20%～40%。严重时可高达 90%以上，使得核桃仁干瘪，产量和品质大为降低。在各地核桃上为害较严重。

果实上病斑初为褐色，后变黑色，近圆形，中央下陷。病斑上很多褐色至黑色小点突起，有时呈同心轮纹状排列。湿度大时，病斑上小黑点呈粉红色小突起，即病原菌分生孢子盘。一个病果有一至十几个病斑，病斑扩大或连片，可导致全果发黑腐烂。

叶上病斑较少发生，病斑近圆形或不规则形，有的病斑沿叶缘扩展，有的沿主侧脉两侧呈长条状扩展。发病严重时，引起全叶枯黄。湿度大时，病斑上黑色小点呈现粉红色小突起，是病菌分生孢子盘及分生孢子。

3. 防治方法

①冬季清除病果、病叶，集中烧毁或深埋，减少发病来源，6～7 月及时摘除病果。

②栽植时，株行距不宜过密，使通风透光良好。

③药剂防治。发芽前用 3～5 波美度石硫合剂；开花后发病前用 1∶1∶200 波尔多液或 50%退菌特 600～1 000 倍液，幼果期为防治关键时期。发病期还可用多福锰锌 1 000～1 500 倍液+皮胶 0.03%、2%农抗 120 水剂 200 倍液、50%甲基托布津

800～1 000 倍液、50%多菌灵可湿性粉剂 800～1 000 倍液。

9.2.2 核桃细菌性黑斑病

1. 分布与发生特点 广泛分布于河北、山东、山西、辽宁、河南、江苏、浙江、四川、云南、山西、甘肃等核桃产区，部分地区发病重。一般 5 月中下旬开始侵染。病原细菌在病枝梢的病斑中或病芽里越冬，第二年春季细菌借风雨飞溅传播到叶、果及嫩枝上为害，病菌可以侵染花器，因此，花粉也能传带病菌，昆虫也是传带病菌的媒介，病菌由气孔、皮孔、蜜腺及各种伤口侵入。在足够的湿度条件下，温度在 4～30℃范围内都可侵染叶片，在 5～27℃时可侵染果实，潜育期在不同部位也有差异，果实上为 5～34 天，叶片上为 8～18 天。

2. 病原及为害症状 核桃细菌性黑斑病病原为黄单孢杆状细菌，主要为害果实，也能为害叶片、嫩梢和枝条。果受害后绿色的果皮上产生黑褐色油渍状小斑点，逐步扩大成圆形或不规则形，无明显边缘，严重时病斑凹陷深入，全果变黑腐烂、早落，受害率为 30%～70%，严重时可达 90%以上，核仁干瘪，减重 40%～50%，坚果品质下降。

叶片被侵染后，叶正面褐色，背面病斑淡褐色，油状发亮。病斑外围呈半透明黄色晕环，严重时病斑相连成片，导致果实脱落。花序受侵后产生黑褐色水渍状病斑。

病原细菌在病枝或病梢内越冬，第二年春借风雨、昆虫等传播到果实或叶片上，自伤口或自然气孔侵入。病菌也可随花粉传播，常随核桃举肢蛾的发生而发病。夏季多雨或天气潮湿有利于病菌侵染，栽植密度大、树冠郁闭、通风透光不良的果园发病重。

3. 防治方法

①核桃楸较抗黑斑病，可选用它作为砧木。

②清除菌源，结合修剪，剪除病枝梢及病果，并收拾地面落

果，集中烧毁，以减少果园中病菌来源。

③药剂防治。发芽前喷 3～5 波美度石硫合剂一次，杀灭越冬病菌；生长期喷 1∶0.5∶200（硫酸铜∶石灰∶水）的波尔多液，或 50%甲基托布津 500～800 倍液。使用方法：喷雾，雌花开花前，花后及幼果期各一次。生长期喷 0.4%硫酸铜效果好，不易发生药害。

9.2.3 核桃腐烂病

1. 分布与发生特点 又名黑水病，在河南、山西、山东、四川等地均有发生。病菌以菌丝体或子座及分生孢子器在病部越冬。翌春核桃树液流动后，遇有适宜发病条件，产出分生孢子，分生孢子通过风雨或昆虫传播，从嫁接口、剪锯口、伤口等处侵入，病害发生后逐渐扩展，直到越冬前才停止。生长期内可发生多次侵染。春秋两季为一年的发病高峰期，特别是在 4 月中旬至 5 月下旬为害最重。一般在核桃树管理粗放、土层瘠薄、排水不良、肥水不足、树势衰弱或遭受冻害及盐碱害的核桃树易感染此病。每当空气湿度大时，可进行多次侵染为害，直至越冬前停止侵染。

2. 病原及为害症状 是一种真菌性病害，由胡桃壳囊孢所致。受害重的核桃株发病率可达 80%以上。病树的大枝逐渐枯死，严重时整株死亡。

主要为害枝干树皮，因树龄和感病部位不同，其病害症状也不同，大树主干感病后，病斑初期隐藏在皮层内，俗称“湿囊皮”。有时多个病斑连片成大的斑块，周围聚集大量白色菌丝体，从皮层内溢出黑色黏液。发病后期，病斑可扩展到长达 20～30 厘米。树皮纵裂，沿树皮裂缝流出黑水干后发亮。幼树主干和侧枝受害后，病斑初期近于梭形，呈暗灰色，水渍状，微肿起，用手指按压病部，流出带泡沫的液体，有酒糟气味。病斑上散生许多黑色小点，即病菌的分生孢子器。当空气湿度大时，从小黑点内涌出橘红色胶质丝状的分生孢子角。病斑沿树干纵横方向发展，后期病斑皮层纵向开裂，流出大量黑水，当病斑环绕树干一周时，导致幼树侧枝或全株枯死。枝条受害主要发生在营养枝或2～3年生的侧枝上，感病部位逐渐失去绿色，皮层与木质剥离迅速失水，使整枝干枯，病斑上散生黑色小点的分生孢子器（图9－1）。

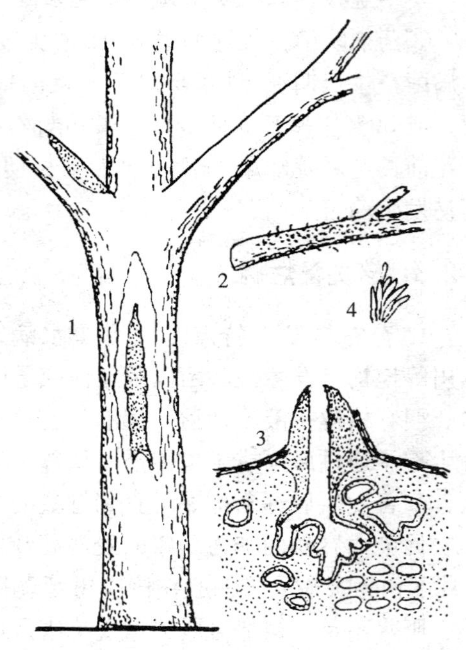

图9－1　核桃腐烂病

1. 病斑　2. 病枝　3. 病原菌　4. 分生孢子梗

3. 防治方法

①刮治病斑。一般在早春进行，也可以在生长期发现病斑随时进行刮治。刮后用50%甲基托布津可湿性粉剂50倍液，或50%退菌特可湿性粉剂50倍液，或5～10波美度石硫合剂，或1%硫酸铜液进行涂抹消毒，然后涂波尔多液保护伤口病疤，最好刮成菱形，刮口应光滑、平整，以利愈合。病疤刮除范围应超出变色坏死组织1厘米左右。

②采收后，结合修剪，剪除病虫枝，刮除病皮，收集烧毁，减少病菌侵染源。冬季树干涂白，预防冻害、虫害引起的腐烂病。

③药剂防治。用福星1 000倍液＋康福宝100倍液进行伤口消毒，3～4月涂第一次，7～8月涂第二次，采收后涂第三次，

可有效预防腐烂病的发生。常用的消毒剂还有菌必清 100～150 倍液、菌毒清 30～50 倍液等，效果较好。

9.2.4　核桃溃疡病

1. 分布与发生特点　在多数核桃产区都有分布，病菌主要以菌丝体在当年病皮内越冬，翌年 4 月气温上升到 11.4～15.3℃时开始活动，5 月下旬分生孢子大量形成，借风、雨等传播，多从伤口（冻伤、灼伤、机械损伤或虫伤等）侵入，发病达高峰。6 月下旬病害基本停止蔓延。入秋后温、湿度适宜时，病害又发展，但没有春季重。病害潜育期 15～60 天。土壤贫瘠、土质黏重、排水不良、地下水位高、树体生长不良的地区发病普遍而严重。

2. 病原及为害症状　是一种真菌性病害，主要为害核桃幼树主干、嫩枝和果实，可造成提早落果，降低果实品质和产量，严重时造成植株生长衰弱、枯枝或整株死亡。

为害核桃苗木、大树的干部和主侧枝，多发生于树干基部 0.5～1.0 米范围内。初为褐、黑色近圆形病斑，直径 0.1～2 厘米，有的扩展成菱形或长条形病斑。在幼嫩及光滑的树皮上，病斑呈水渍状或为明显的水泡，破裂后流出褐色黏液，遇空气变黑褐色，随后病部散生许多小黑点，严重时病斑相连呈菱形或长条形，向周围浸润，使整个病斑呈水渍状，中央黑褐色，四周浅褐色，无明显的边缘。后期病斑干瘪下陷，中央纵裂一小缝，其上散生很多小黑点，为病菌分生孢子器。病树韧皮部和内皮层腐烂坏死，呈褐色或黑褐色，腐烂部位有时可深达木质部。果实受害后呈大小不等的褐色圆斑，早落、干缩或变黑腐烂。

3. 防治方法

①防旱排涝，开沟排水，降低地下水位。

②避免与容易感病的枫杨、刺槐或者杨树等进行混合栽植，以免交叉感染。

③树干涂白。涂白剂配方：生石灰 5 千克、食盐 2 千克、油 0.1 千克、水 20 升。

④药剂防治。4～5 月及 8 月对枝干各喷洒 50％甲基托布津可湿性粉剂 200 倍液或抗菌素 402 乳油 200 倍液一次。用刀刮除或划破病皮，深达木质部，再涂 3～5 波美度石硫合剂或 2％硫酸铜液、10％碱水（碳酸钠）、10％多菌灵 50 倍液等药剂。

9.2.5 核桃白粉病

1. 分布与发生特点 是我国各核桃产区常见重要病害之一，该病严重影响核桃当年产量品质和翌年树势，为害极大。病菌以闭囊壳在落叶或病梢上越冬。翌春气温上升，遇到雨水，闭囊壳吸水膨胀破裂，散出子囊孢子，随气流传播到幼嫩芽梢及叶上，进行初侵染，7～8 月发病。发病后的病斑上多次产生分生孢子进行再侵染。秋季病叶上又产生小粒点即闭囊壳，随落叶越冬。温暖而干旱，氮肥多，钾肥少，枝条发育不充实时易发病，幼树比大树易受害。

2. 病原及为害症状 是一种真菌性病害，引起该病的病原菌有核桃叉丝壳菌和核桃球针壳菌两种。为害叶片、幼芽和新梢，造成早期落叶，甚至苗木死亡。发病初期叶片褪绿或造成黄斑，严重时叶片扭曲皱缩，提早脱落，幼芽萌发而不能展叶，在叶片的正面或反面出现薄片状白粉层，后期在白粉中产生褐色或黑色粒点，或粉层消失只见黑色小粒点，即病菌有性阶段的闭囊壳。幼苗受害时，植株矮小，顶端枯死，甚至全株死亡。

3. 防治方法

①采收后清除病残枝叶，集中烧毁，减少侵染源。

②药剂防治。发病初期可用 0.2～0.3 波美度石硫合剂喷洒。夏季用 50％甲基托布津可湿性粉剂 800～1 000 倍液或 25％粉锈宁 500～800 倍液喷洒，以后者防治效果较好。

9.2.6 核桃枝枯病

1. 分布与发生特点 在辽宁、河南、河北、山东、陕西、甘肃、四川和江西等地均有此病发生。湿度大时，病部长出大量黑色短柱状物，即分生孢子。病菌以菌丝体和分生孢子盘在病部越冬，翌春条件适宜时产生分生孢子，借风雨、昆虫等传播。一般5～6月开始发病，7～8月为发病盛期。该菌属弱性寄生菌，生长衰弱的核桃树或枝条易染病，春旱或遭冻害年份发病重。

2. 病原及为害症状 为一种真菌性病害，主要为害核桃树枝干，尤其是1～2年生枝条易受害，枝条染病先侵入顶梢嫩枝，后向下蔓延至枝条和主干。枝条皮层初呈暗灰褐色，后变成浅红褐色或深灰色，并在病部形成很多黑色小粒点，即病原菌分生孢子盘。染病枝条上的叶片逐渐变黄后脱落，枝条枯死，造成枯枝和枯干，严重时可造成大量枝条枯死，对产量影响较大。

3. 防治方法

①生长季节及时剪除病枝，并烧毁，北方注意防寒，秋季树干涂白，预防冻害。

②及时防治核桃树害虫，避免造成虫伤或其他机械伤。

③主干发病，可刮除病斑，并用1%硫酸铜消毒再涂抹煤焦油保护。

④药剂防治。在6～8月份，用70%甲基托布津可湿性粉剂800～1 000倍液喷雾防治，每隔10天喷一次，连喷3～4次效果良好。

9.2.7 核桃褐斑病

1. 分布与发生特点 该病在陕西、河北、吉林、四川、河南、山东等地均有发生，一般5～6月开始发病，7～8月为发病盛期。病菌多借风雨传播，苗木受害后可造成大量枯梢。病菌以菌丝、分生孢子在病叶或病梢上越冬，翌年6月，分生孢子借风雨传播，从叶片侵入，发病后病部又形成分生孢子进行多次再侵染，7～9月进入发病盛期，雨水多、高温高湿条件有利于该病的流行。

2. 病原及为害症状 为一种真菌性病害，主要为害果实、叶片及嫩梢，引起初期落叶、枯梢，影响树木生长。果实和叶片上的病斑灰褐色，近圆形或不规则形，果实上的病斑初期为灰黑色，产生白色小点，后期为白色块状物，收果时变黑腐烂。嫩梢上病斑黑褐色，长椭圆形，稍凹陷，其上亦生小点。对幼苗为害从顶梢嫩叶开始，并扩散至整株。

3. 防治方法

①结合修剪，清除病枝，收拾枯枝、病果，集中烧毁或深埋，消灭越冬病菌，减少侵染病源。

②药剂防治。核桃发芽前，喷一次5波美度石硫合剂；展叶前喷1∶0.5∶200（硫酸铜∶生石灰∶水）的波尔多液；在5～6月发病期，用50%托布津可湿性粉剂1 000～1 500倍液防治，效果较好。在核桃开花前、幼果期、果实速长期各喷一次波尔多液、杜邦福星乳油8 000～1 000倍液，可兼治多种病虫害。

9.3 核桃虫害及其防治

核桃虫害主要种类有举肢蛾、木橑尺蠖、云斑天牛、瘤蛾、草履蚧、根象甲、核桃扁叶甲、小吉丁虫、缀叶螟、刺蛾类等。

9.3.1 核桃举肢蛾

1. 分布及为害症状 分布于河北、河南、山西、陕西、甘肃、四川、贵州等核桃产区，以幼虫钻入核桃青皮内蛀食果皮和果仁，受害果逐渐变黑、凹陷，早期脱落或干在树上，轻者种仁不能成熟，出现瘪仁、品质降低，严重时可减产70%～80%，影响核桃产量和品质。该虫在多雨的年份比干旱的年份为害严重，深山沟及阴坡比沟口开阔地为害严重。

幼虫蛀入核桃果实后有汁液流出，蛀入孔呈现水珠，初透明，后变琥珀色，在表皮内纵横穿食为害，虫道内充满虫粪便，受害果果皮变为黑色，并逐渐凹陷、皱缩，形成黑核桃。幼虫在果内可为害30～45天，老熟后从果中脱出，落地入土结茧越冬。

2. 形态特征及生活习性　属于鳞翅目，举肢蛾科，又称核桃黑。

成虫：雌蛾体长4～8毫米，翅展13～15毫米，雄蛾较小，体黑褐色，有光泽。翅狭长，翅缘毛长于翅宽处，前段1/3处有椭圆形白斑，2/3处有月牙形或近三角形白斑。后足特长，休息时向上举，腹背每节都有黑白相间的鳞毛。

卵：初产出时乳白色，孵化前变为红褐色，圆形，长约0.4毫米。

幼虫：头褐色，体淡黄色，老熟时体长7～9毫米，每节都有白色刚毛。

蛹：黄褐色，蛹外有褐色茧，常黏附草末及细土粒，纺锤形，长4～7毫米。

该虫的发生与环境条件有密切关系，高海拔地区每年发生1代，低海拔地区每年发生2代。在山东、河北、山西一年1代，在河南和陕西一年发生1～2代。以老熟幼虫在树冠下1～2厘米深的土中越冬，翌年5月中旬至6月中旬化蛹，6月上旬至7月上旬成虫发生，幼虫一般6月中旬开始为害，7月份为害最严重（图9-2）。

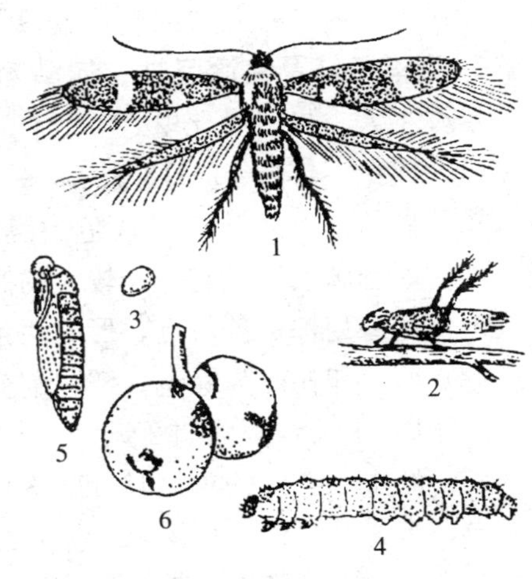

图9-2　核桃举肢蛾

1. 成虫　2. 成虫休止时举肢状　3. 卵　4. 幼虫　5. 蛹　6. 为害状

3. 防治方法

①秋末或早春深翻树盘，采果后至翌年5月中旬翻耕、扩盘、清园，可消灭部分幼虫。

②及时摘除虫果和捡拾落果，6～8月摘拾黑果，集中销毁。

③药剂防治。产卵盛期树上喷20%速灭杀丁乳油2 000～3 000倍液。6月上旬至7月中旬成虫羽化期选用50%的杀螟松1 000～1 500倍液或敌杀死3 000倍液树冠喷药，还可用25%灭幼脲3号胶悬剂1 000倍液，50%敌百虫乳油1 000倍液，48%乐斯本乳油2 000倍液等。

9.3.2 木橑尺蠖

1. 分布及为害症状 分布范围较广，在我国华北、西北、西南和华中均有分布。以幼虫食害叶片，对核桃树为害严重，发生严重时，幼虫在3～5天内就可以把全树叶片吃光，致使核桃减产，树势衰弱，受害叶片出现斑点状透明痕迹或小空洞，幼虫长大后沿叶缘将叶片吃成缺刻，或只留叶柄。

2. 形态特征及生活习性 属鳞翅目，尺蛾科，又称木橑步曲，俗称小大头虫、吊死鬼。

（1）成虫 体长14～18毫米，翅展54～70毫米，体为棕黄色。翅黄白色，上面散有浅灰色、黑色、棕黄色大小不等的斑点。前后翅胫脉上，各有一个较大的黑灰色斑点，近外缘生有一列灰黑色和一列棕黄色斑点，形成两条波状纹。

（2）卵 卵初产为绿色，孵化前变为白色，椭圆形，长0.7毫米。卵期11天，孵化期2天。

（3）幼虫 老熟幼虫体长65～80毫米。体色变化通常随寄主而异，多为黄绿色、黄褐色，头部红褐色，背中线为黑色，腹部第八节背板上有黑白色带一条。

（4）蛹 近纺锤形，满身布有点凹，长约30毫米。头部两侧各有一个耳状突起。臀部两侧各有3个尖硬的峰状突起。

成虫白天静伏于花荫叶枝、草丛上，受惊扰时钻入草丛中或飞走。上午 9 时至 10 时半、下午 3 时至 5 时活动最盛。日出、日落前后喜于在树冠中、下部及其周围飞行，在潮湿地方、开花植物上吸水取食（图 9-3）。

3. 防治方法

①于结冻前或早春解冻后采用人工树下及树干裂缝中刨挖，或结合深翻土地消灭越冬蛹和卵，以减少越冬基数。同时，加强冬季清理，清除受害致死的枝干叶片，并集中烧毁，消灭越冬虫体。

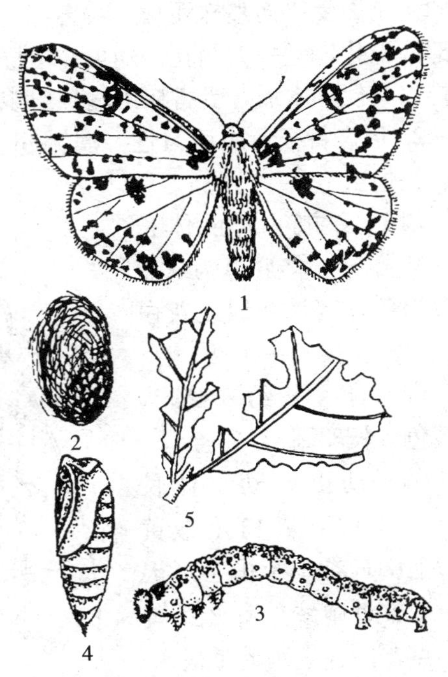

图 9-3　核桃木檫尺蠖
1. 成虫　2. 卵块　3. 幼虫　4. 蛹　5. 为害状

②成虫期由于雌虫无翅，可在树干基部缠塑料环带阻止雌虫上树，每天早晨捕杀；利用雄虫的趋光性，于夜晚设置高压电网或频振式杀虫灯诱集、灭杀。

③幼虫发生期，可喷洒阿维菌素乳油 500 倍液、灭幼脲 3 号悬胶剂 1 000 倍液、0.3%苦参碱水剂 800 倍液、Bt（苏云金杆菌）1 000 亿孢子/克的菌粉 2 000 倍液等无公害杀虫剂。幼虫在 3 龄以前喷洒以上药剂，杀虫效果均在 80% 以上。

9.3.3 云斑天牛

1. 分布及为害症状 广泛分布在河北、河南、北京、山西、陕西、甘肃和四川等地。主要为害枝干，受害树有的主枝死亡，有的主干因受害而整株死亡，被害部位皮层开裂。成虫羽化多在干部，羽化口呈一大圆孔。幼虫在皮层及木质部钻蛀隧道，从蛀孔排出粪便和木屑，受害树因输导组织被破坏，逐渐干枯死亡。

2. 形态特征及生活习性 属鞘翅目天牛科，别名核桃大天牛、铁炮虫。

（1）成虫 成虫体长35～65毫米，体底色为灰黑或黑褐色，密被灰绿或灰白色绒毛。

（2）卵 长约8毫米，淡黄色，长卵圆形。

（3）幼虫 幼虫体长70～80毫米，乳白至淡黄色，前胸背有1个山字形褐斑，前方近中线处有2个黄色小点，内各生刚毛1根。

（4）蛹 裸蛹，长40～63毫米，初为乳白色，渐变为灰黑色。

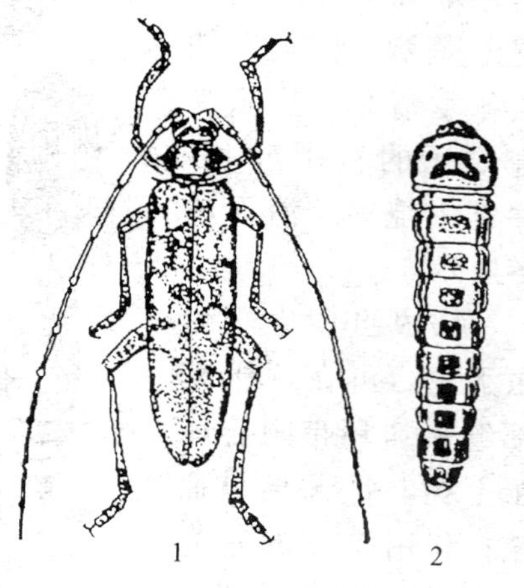

图9-4 天 牛

1. 成虫 2. 幼虫

该虫发生世代数因地而异，越冬虫态也有不同。一般2年发生1代，跨3个年度。以成虫或幼虫在树干内越冬，4月下旬开始活动，5月份为成虫羽化盛期，6月中下旬为产卵盛期。成虫有假死和趋光性（图9-4）。

3. 防治方法

①人工捕杀。根据天牛咬刻槽产卵的习性，找到产卵槽，用

硬物击之杀卵。经常检查树干，发现有新鲜粪屑时，用小刀轻轻挑开皮层，将幼虫处死。

②灯光诱杀成虫。根据天牛具有趋光性，可设置黑光灯诱杀。

③当受害株率较高、虫口密度较大时，可选用内吸性药剂喷施受害树干。

④冬季或产卵前，用石灰 5 千克，硫黄 0.5 千克，食盐 0.25 千克，水 20 千克拌匀后，涂刷树干基部，以防成虫产卵，也可杀幼虫。

⑤幼虫期找到虫孔，掏出粪屑，注入 80％敌敌畏 100 倍液，或 50％辛硫磷乳剂 200 倍液。

⑥保护天敌，招引鸟类，如啄木鸟等。

9.3.4 核桃瘤蛾

1. 分布及为害症状 以幼虫为害核桃叶片和果皮，能削弱树势，导致枝条枯死，致使核桃减产。该虫在河南、河北、山东、山西、陕西、北京均有发生。核桃瘤蛾是一种暴食性害虫，以小幼虫取食叶肉留下网状叶脉，长大后将叶吃光，只剩下主脉和侧脉，发生严重时几天可将全树叶片吃光，造成当年二次发芽，削弱树势，导致枝条枯死。

2. 形态特征及生活习性 鳞翅目，瘤蛾科，又名核桃毛虫、核桃小毛虫等。

（1）成虫 体长 10 毫米，翅展 15～24 毫米，雄蛾体长 8～9 毫米，翅展 19～23 毫米。体灰色，略有光泽，雌虫触角丝状，雄虫羽状，前翅外横线至翅基部颜色较深并有横条纹。

（2）卵 直径 0.2～0.4 毫米，馍头形，灰白色，有花纹，中央顶部略凹陷。

（3）幼虫 老熟幼虫体长 10～15 毫米，背面淡褐色，腹面颜色较浅，体形短粗而扁，头暗褐色，后胸节背面有淡色十字纹一个。腹部4～6节背面有两条淡色条纹，每节有8个毛瘤，且长有刺毛，两侧的刺毛稍浅。

（4）蛹　体长8～10毫米，褐色，椭圆形。

（5）茧　长约13毫米，长椭圆形，丝质细密，土褐色。

在河北、山西一年2代，在山东3～4代。以蛹在树皮裂缝中、树干周围的杂草、落叶及石堰缝中过冬。成虫寿命20～26天。幼虫蜕皮5～6次。成虫羽化多在傍晚，白天栖息于树皮和石堰上，晚6～10时活动交尾或产卵。卵产在叶背主脉两侧，散产。幼虫老熟后顺树干爬下寻找场所化蛹，蛹期9～11天（图9-5）。

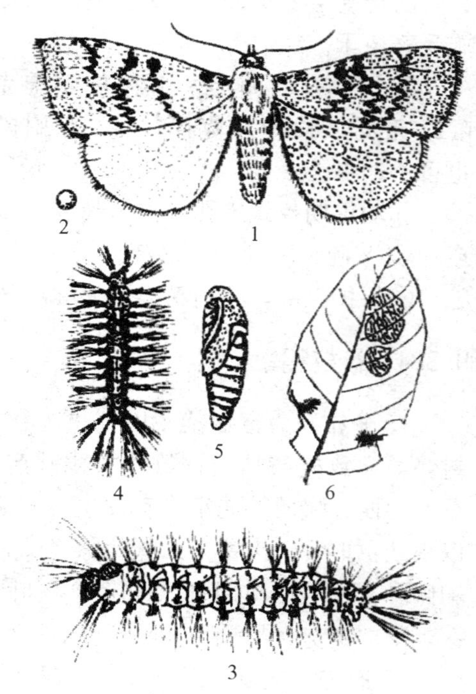

图9-5　核桃瘤蛾

1. 成虫　2. 卵　3. 幼虫　4. 幼虫背面观　5. 蛹　6. 为害状

3. 防治方法

①科学修剪，剪除病残枝及茂密枝，保持树体的通风透光；保持果园适当的温湿度；清理果园，将病残物集中烧毁，减少虫源。

②保护和利用天敌，释放赤眼蜂。

③成虫出现盛期的6月中旬至7月中旬，应用黑光灯诱杀成虫。

④诱杀幼虫。在幼虫化蛹期树下半径0.5米的地面堆集石块

诱集，冬季或早春翻开石块杀蛹。

⑤化学防治在 6～7 月幼虫为害期，选用 50%杀螟松乳剂 1 000倍液，90%晶体敌百虫 800 倍液，2.5%溴氰菊酯乳油 6 000倍液进行喷施。

9.3.5 草履蚧

1. 分布及为害症状 在我国大部分地区都有分布。若虫早春上树后，群集吸食嫩叶汁液，大龄若虫喜于直径粗 3 厘米左右的 2 年生枝上刺吸为害，但以幼龄若虫为害影响较大，常导致芽枯萎，不能萌发成梢，致使树势衰弱，甚至枝条枯死，影响产量，被害枝干能够产生一层黑霉，受害越重，黑霉越多。

2. 形态特征及生活习性

（1）成虫 雌成虫体长 8～10 毫米，无翅，扁平，椭圆形，背面灰褐色，腹面黄褐色，触角和足为黑色，第一胸节腹面生丝状口器。雄虫体长 4～5 毫米，有翅，淡红色。

（2）若虫 体形似雌成虫，较小、色深。

（3）卵 椭圆形，近孵化时呈黑色，包被于白色絮状卵囊中。

草履蚧 1 年发生 1 代，以卵在距树干基部附近 5～7 厘米深的土中越冬，翌年 1 月下旬开始孵化，初孵幼虫在卵囊中或其附近活动，一般年份 2 月上旬天气稍暖即开始出土爬到树上，沿树干成群爬到幼枝嫩芽上吸食汁液，若天气寒冷，傍晚下树钻入土缝等处潜伏，也有的藏于树皮裂缝中，次日中午前后温度高时再上树活动取食。出蛰期 30 天左右，低龄若虫为害期 15 天左右，大龄若虫多在 2 年生枝上吸食叶液。雄若虫蜕皮 2 次，4 月下旬在树裂缝中分泌白色蜡毛化蛹，5 月上旬羽化成虫。雌若虫蜕皮三次变为成虫，交尾后 5 月中旬开始下树，钻入树干基部附近 5～7 厘米深的土中分泌色绵状卵囊并产卵于卵囊中，产卵后雌成虫干缩死亡，以卵越夏越冬（图 9－6）。

3. 防治方法

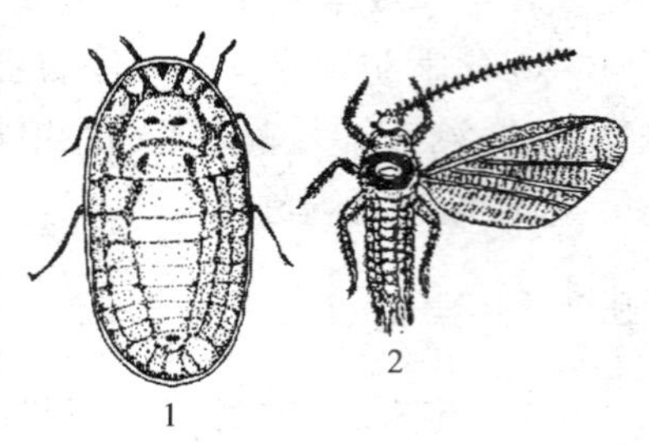

图 9-6　草属蚧
1. 雌成虫　2. 雄成虫

①结合秋施基肥、翻树盘等管理措施，收集树干周围土壤中的卵囊集中烧毁。5 月中下旬雌成虫下树产卵前，在树干基部周围挖半径 100 厘米深 15 厘米的浅坑，放树叶、杂草，诱集成虫产卵。

②树干涂粘虫胶带。2 月初若虫上树前，刮除树干基部粗皮并涂粘虫胶带，阻止若虫上树，胶带宽 20 厘米。粘虫胶可用废机油、柴油或蓖麻油 1.0 千克加热后放入 0.5 千克松香粉熬制而成，在树干绑塑料薄膜效果也很好。

③保护利用其天敌黑缘红瓢虫。

④药剂防治。1 月下旬对树干周围表土喷洒机油乳剂 150 倍液，杀死初孵若虫；2 月上旬至 3 月中旬若虫期，每隔 10 天喷一次药，连喷 3 次，消灭树上若虫。效果较好的药剂有速纷克、外死净等。

9.3.6　根象甲

1. 分布及为害症状　主要分布于四川、甘肃、云南、陕西、河南等地。在坡底沟洼和土质肥沃的地方和生长旺盛的核桃树上为害较重。幼虫刚开始为害时，根颈皮层不开裂，开裂后虫粪和树液流出。根颈部有大豆粒大小的成虫羽化孔，受害严重时，皮层内多数虫道相连，充满黑褐色粪粒及木屑，受害树体皮层纵裂，并流出褐色汁液，破坏树体疏导组织，阻碍水分和养分的正常运输，使得树势衰弱，核桃减产，甚至导致树体死亡。

2. 形态特征及生活习性

(1) 成虫　体长 12～16 毫米，头管约占体长的 1/3，黑色，前端着生膝状触角，前胸背板密布不规则斑点，鞘翅基部着生棕黄色绒毛，腿节端部膨大，胫节顶端有钩状齿，跗节底面有黄褐色绒毛，顶端有一对爪。

(2) 若虫　头部棕褐色，口器黑褐色，长15～20毫米，黄白色，向腹部弯曲。

(3) 卵　初产出时乳白色，孵化前为黄褐色，长1.4～2毫米，椭圆形。

(4) 蛹　裸蛹，长14～17毫米，黄白色，末端有两根黑褐色臀刺。

该虫在陕西、河南、四川等地区两年发生1代，幼虫为害期长，每年3～11月份蛀食核桃根，12月到翌年2月为越冬期，90%的幼虫集中在表土下5～20厘米，侧根距主干140～200厘米处也有为害，蛹期平均17天左右，以幼虫和成虫在根皮层内越冬。

3. 防治方法

①根颈部涂石灰浆。成虫产卵前将根颈部土壤扒开，然后在根颈部涂石灰浆后进行封土，阻止成虫在根颈上产卵。

②刮除根颈处粗皮。冬季挖开根颈处泥土，刮去根颈的粗皮，在根部灌入人粪尿，然后封土，杀虫效果可达70%～100%。

③化学防治。春季幼虫活动时挖开树干基部土壤，撬开根部老皮，灌注80%敌敌畏乳剂100倍液，或50%杀螟松乳剂200倍液，或50%辛硫磷乳剂200倍液，然后封土，防治幼虫效果好。6～8月份成虫发生期，在树上和根颈部喷50%的乐斯本乳油2 000倍液药剂。

④生物防治。注意保护其天敌白僵菌和寄生蝇等。也可用每毫升含2亿孢子的白僵菌液喷施，放养寄生蝇，寄生蝇对幼虫寄生率可达18%、蛹7%。

9.3.7 核桃小吉丁虫

1. 分布及为害症状　在河南、河北、山东、山西、陕西、甘肃、四川、云南等地均有分布，以幼虫在2～3年生枝条皮层中呈螺旋形串食为害，在韧皮部和木质部之间串食，被害处膨大呈瘤状，树皮变黑褐色，隧道螺旋形，蛀道上每隔一段距离有一新月形通气孔，并有少许黑色液体流出，干后呈白色物质附在裂口上，受害严重的枝条，叶片枯黄早落，翌年春天枝条大部分枯死，幼树生长衰弱，严重者全株枯死。

2. 形态特征及生活习性 属鞘翅目，吉丁虫科昆虫。

(1) 成虫 黑色，长4～7毫米，有铜绿色金属光泽。触角锯齿状，复眼黑色。前胸背板中部稍隆起，头、前胸背板、鞘翅上密布小刻点，鞘翅中部两侧向内陷。

(2) 卵 扁椭圆形，长约1.1毫米，初产白色，1天后变为黑色。

(3) 幼虫 体长7～20毫米，扁平，乳白色。头棕褐色，缩于第一胸节内。胸部第一节扁平宽大。背中央有一褐色纵线，腹末有一对褐色尾刺。

(4) 蛹 为裸蛹，乳白色，羽化前黑色。每年发生1代，北方地区越冬幼虫4月中旬开始化蛹，6月为盛期，化蛹期持续2月余。蛹期平均30天左右，6月上中旬开始羽化出成虫，7月为盛期。成虫羽化后在蛹室停留15天左右，然后从羽化孔钻出，经10～15天取食核桃叶片补充营养，再交尾产卵。成虫喜光，卵多散产于树冠外围和生长衰弱的2～3年生枝条向阳光滑面的叶痕上及其附近，卵期约10天。7月上中旬开始出现幼虫。8月下旬后，幼虫开始在被害枝条木质部越冬。

3. 防治方法

①彻底剪除虫枝、枯枝，集中烧毁。

②4～5月份核桃发芽后至成虫羽化前及采果至落叶前，剪除虫害枝烧毁，消灭幼虫及蛹。从5月下旬开始，每隔15天用90%晶体敌百虫600倍液或48%乐斯本乳油800～1 000倍液喷主干。6～7月成虫羽化期，喷10%多来宝悬浮剂3 000倍液进

行防治，也可施用80%敌敌畏乳油1 000倍液、90%晶体敌百虫1 000倍液、2.5%溴氰菊酯乳剂4 000倍液等。

9.3.8 核桃扁叶甲

1. 分布及为害症状 该虫主要为害核桃枝叶，以成虫和幼虫取食叶肉，为害状成网状或缺刻，有时全叶食光，仅留叶脉，可引起树势衰弱甚至减产，严重时引起全株枯死。

2. 形态特征及生活习性

(1) 成虫 体扁平，略呈长方形，青蓝色至黑蓝色。前胸背板的点刻不显著，两侧为黄褐色，点刻较粗。

(2) 卵 黄绿色。

(3) 幼虫 体黑色，胸部第一节为淡红色，以下各节为淡黑色。

(4) 蛹 墨黑色，胸部有灰白纹，腹部第二、第三节两侧为黄白色，背面中央为灰褐色。

该虫一年发生1代，以成虫在地被物或树干基部皮缝内越冬。来年4月上、中旬越冬成虫开始活动，常群集在叶上取食为害。4月下旬至5月上旬交尾产卵，卵成块状产在叶背面。5月中旬孵化出幼虫，初孵幼虫群集取食，被害叶呈一片枯黄，2龄以后分散到全树为害。5月下旬老熟幼虫尾端黏附在叶背面，蜕皮化蛹，蛹的腹末又黏附在于幼虫的蜕皮上，倒悬在叶的背面，触动时能屈伸活动。蛹期4～5天。5～6月是越冬成虫及幼虫同时出现为害的盛期，大发生时，能将全树叶片吃光。

3. 防治方法

①消灭越冬虫源。冬春刮树干基部老皮，集中烧毁，可消灭越冬的成虫。

②在4月下旬和5月上旬，用核桃保果灵稀释800～1 000倍液喷雾防治。幼虫发生期还可喷10%氯氰菊酯乳油8 000倍液，10%吡虫啉可湿性粉剂2 000倍液，90%敌百虫1 000倍

液等。

③成虫大量发生期，用堆火或黑光灯诱杀。

④利用其假死习性，人工震落捕杀。

9.3.9 核桃缀叶螟

1. 分布及为害症状 是核桃的主要食叶害虫，分布在华北、西北和中南等地。幼虫咬食核桃叶片，严重发生时可以吃光全树叶片。

2. 形态特征及生活习性 属鳞翅目，螟蛾科，又名木黏虫，缀叶丛螟。

（1）成虫 体长 14～20 毫米，翅展 35～50 毫米，全体黄褐色。前翅色深，后翅灰褐色，越接近外缘颜色越深。

（2）卵 球形，密集排列成鱼鳞状。

（3）幼虫 老熟幼虫体长 20～30 毫米，头部黑色，有光泽，前胸背板黑色，前缘有 6 个黄白色斑，背中线宽，杏黄色，体侧各节有黄白色斑，腹部腹面黄褐色，有少量短毛。

（4）蛹 长约 16 毫米，深褐色至黑色。

（5）茧 深褐色，扁椭圆形，长约 20 毫米，宽约 10 毫米。

每年发生 1 代，成虫发生期为 6 月下旬至 8 月上旬。卵产于叶面，在 7 月上旬孵化，7 月末至 8 月初为为害盛期。幼虫群居，在叶面上吐丝结网，把叶片缀在一起卷成筒形，幼虫在其中为害，并把粪便排在里面，随虫体增大最后成团状。幼虫在 4 龄后，分散为害。幼虫在夜间取食，活动，转移，白天静伏于被害叶内，并于八九月间以老熟幼虫入土越冬。

3. 防治方法

①人工捕杀。利用幼虫为害叶片时呈群居状态的特点，可以摘除虫包，集中烧毁，杀灭虫体。

②挖虫茧。虫茧一般集中在树根旁边松软的土壤里，可在秋季封冻前或春季解冻后，挖除虫茧，集中烧毁。

③化学防治。7月中下旬，在幼虫为害的初期，喷洒25％功夫乳油1 000倍液，或40％毒死蜱乳油800～1 000倍液，或40％乐果乳油2 000倍液，或25％西维因可湿性粉剂500～800倍液。

9.3.10　刺蛾类

1. 分布及为害症状　是一类杂食性害虫，常见的有黄刺蛾、褐刺蛾、绿刺蛾和扁刺蛾，全国各地均有分布。以幼虫取食叶片，影响树势和产量，是核桃叶片的重要害虫。低龄幼虫取食叶面下表皮和叶肉，仅留表皮呈网状透明斑，叶片呈网眼状，幼虫长大后分散为害，将叶片吃成缺刻，只留主脉和叶柄，甚至全部吃光。

2. 形态特征及生活习性

(1) 黄刺蛾　又称洋辣子、刺毛虫、毛八角，成虫体长13～17毫米，翅展29～36毫米，黄色，触角丝状，棕褐色，老熟幼虫黄绿色，长18～25毫米，宽约8毫米，体背上具两条哑铃形紫褐色大斑纹，身上具枝刺，刺上具毒毛。卵扁圆形，淡黄色，长1.4毫米，蛹椭圆形，长约12毫米，质地坚硬，灰白色，具黑褐色纵条纹。

在东北、华北大多每年发生1代，河南、陕西、四川一年可以发生2代。以老熟幼虫结硬茧在树杈、枝条上越冬。成虫有趋光性，昼伏夜出，羽化后即交尾，不久产卵，多产在叶背面近端部。

(2) 褐刺蛾　成虫体长约18毫米，灰褐色。前翅棕褐色，有两条深褐色弧形线，两线之间色淡。在外横线与臀角间有一紫铜色三角斑。卵扁平，椭圆形，黄色。幼虫体长35毫米，体绿色。茧广卵圆形，灰褐色。

该虫一年发生1～2代，以老熟幼虫在土中结茧越冬。

(3) 绿刺蛾　成虫体长16毫米，翅展36毫米左右，大部分为绿色，复眼黑褐色，雌蛾触角丝状，雄蛾触角短羽状，背部中央有一条浅褐色纵纹。卵为扁椭圆形，长约2毫米，初产时乳白色，渐变黄绿色，多数10粒成块，鱼鳞状排列。老熟幼虫长24～27毫米，略成长筒状。蛹长13毫米左右，椭圆形，黄褐色。

在东北华北每年发生1代，长江以南每年可发生2～3代，以老幼虫在树干根颈处土内结茧越冬。幼虫老熟后在树干上或树下浅松土层、草丛中结茧越冬，成虫有趋光性，昼伏夜出，卵多产于叶背主脉两侧，初孵幼虫先吃卵壳，后取食叶肉。

（4）扁刺蛾　又名黑点刺蛾。成虫体长16毫米，翅展28～39毫米，雌蛾触角丝状，体灰褐色。卵扁椭圆形，长约1.5毫米，黄白色。老熟幼虫体长25～28毫米，长椭圆形，黄绿色，体两侧第四节各有一红点，其上有刺毛。蛹扁椭圆形，长约13毫米，黄褐色。

在东北地区每年发生1代，长江中下游地区发生2代，南方可以发生3代，均以老幼虫在树下结茧越冬，成虫羽化后产卵于叶面上，幼虫孵化后经一次蜕皮后取食，先食卵壳，再啃食叶肉，幼虫日夜取食，共8龄，老熟后入土做茧化蛹。

3. 防治方法

①消灭越冬虫茧。可结合秋季挖树盘施肥和冬季修剪等管理，消灭越冬虫茧。

②黑光灯诱杀。6月中旬至7月中旬越冬代成虫发生期，田间设置黑光灯诱杀成虫。

③人工防治。7月上旬小幼虫群集叶背时，可及时剪下叶片集中消灭幼龄幼虫；8月中下旬老熟幼虫在枝干枝皮上寻找结茧的适当场所期间，集中人力捕捉老熟幼虫集中杀灭。

④生物防治。上海青蜂是黄刺蛾的天敌优势种群，可对它加以保护，利用它来消灭越冬茧内的黄刺蛾老熟幼虫。

⑤化学防治。幼虫为害严重时，在幼虫发生期喷洒25%亚胺硫磷乳油600倍液或2.5%溴氰菊酯乳剂5 000倍液。

10　核桃果实的采收与加工利用

10.1　采收

10.1.1　采收期的确定

核桃的适时采收非常重要。采收过早，青皮不易剥离，核仁不饱满，产量降低，出仁率低，加工时出油率也降低，而且不耐贮藏。据测定，平均早采 1 天，干果重量降低 0.49%，仁重降低 1.17%，早采半个月，产量降低 10.6%。采收过晚，果实易脱落，同时青皮开裂后停留在树上的时间过长，会增加被霉菌感染的机会，导致坚果品质下降，特别是一些纸皮类型的品种，就更会受到影响，导致食用价值降低。因此，适时采收是获得丰产丰收、保证核仁质量的重要环节，一定要适时采收。

核桃果实的成熟期，因品种和气候条件不同而异。早熟品种与晚熟品种成熟期可相差 10～25 天。一般来说，北方地区的成熟期多在 9 月上旬至中旬，南方则相对早些。同一品种在不同地区的成熟期有差异，同一地区的成熟期也有不同，平原地区较山区成熟期早，低海拔地区成熟期早于高海拔地区，阳坡较阴坡成熟早，干旱年份比多雨年份成熟早。

当核桃青皮变为黄绿色或浅黄色，茸毛变少，部分果实顶部出现裂缝，青皮易剥离，少量成熟种子已自然脱落，内果皮已完全骨质化，此时为核桃果实的最佳采收期。目前，生产中采收多数偏早，应予以纠正。

10.1.2　采收方法

核桃的采收方法主要有两种，一种是人工采收法，另一种是机械震动采收法。我国的劳动力资源相对便宜，是以人工采收为主，而欧美发达国家在核桃采收方面已用机械化代替手工劳动，大大提高了采收效率，节省了采收时间。

1. 人工采收 人工采收在我国较为常见。在采收前，要根据核桃树所在地地形以及树冠大小决定如何采摘。成熟期不一致的，要分批采收，严格按品种分别采收，分别加工。

①在平地或者是树冠较小时，可直接手工采摘，将果实采下放入提篮、布袋或竹筐中，并在采摘过程结束后，把果实集中于运输车上，运至加工场所脱青皮。

②在山坡地或者树冠较大时，手工采摘很不方便，一般是事先在核桃树盘内铺上塑料布，而后用竹竿或者带弹性的长木杆敲击果实所在的枝条或直接击落果实，敲打时应该从上至下，从内向外顺枝进行，防止枝条劈裂，但需注意不要用力过猛，以免损伤枝芽而影响翌年产量。

2. 机械震动采收 机械震动采收就是用机械震动树干，将果实晃落到地面后收集。具有省时省力、高效率、低成本的特点。

机械采收的机具包括震动落果机、清扫集条机和捡拾清选机，其作业程序是先用振动落果机使核桃振落到地面，再由清扫集条机将地面的核桃集中成条，最后由捡拾清选机捡拾并简单清选后装箱。由于同一株核桃树上的果实成熟期不完全一致，因此，采用机械采收时，必须在采收前的10～20天，对树体喷洒500～2 000毫克/千克的乙烯利进行催熟，使其成熟一致。此法的优点是青皮容易剥落，果面污染轻，但其缺点是用乙烯利催熟，往往会造成叶片大量脱落而影响树势。

10.2 采后处理

10.2.1 脱青皮与漂洗处理

1. 脱青皮处理 据测定，刚采收后的核桃青皮含水量为

40%～45%，核仁的含水量为20%～25%，如此高的水分含量很容易使核桃采收后腐烂变质。因此，核桃采收后应该及时地进行脱除青皮处理。一般的脱除核桃青皮的方法有堆沤脱皮法、药剂脱皮法及机械脱皮法等。

（1）堆沤脱皮法　此法为我国传统的核桃脱皮方法。其技术要点是：核桃采收后要及时运到室外阴凉处或室内，切忌在阳光下曝晒，然后按50厘米左右的厚度堆成堆，堆积过厚容易腐烂，若在果堆上加一层10厘米左右厚的干草或干树叶，则可提高堆内的温度，促进坚果后熟，加快脱皮速度。一般堆沤3～5天，当青果皮离壳或开裂达50%以上时，即可用木棍敲击脱皮。对未脱皮的核桃青果可再堆沤数日，直到全部脱皮为止。堆沤时，切勿使青果皮变黑，甚至腐烂，以免污液渗入果壳内污染核仁而降低核桃坚果的品质与商品价值。

（2）药剂脱皮法　由于堆沤脱皮法存在脱皮时间长，工作效率低，果实污染率高等缺点。自20世纪70年代以来，人们开始研究利用乙烯利催熟脱皮技术，并取得了成功。其具体做法是：核桃采收后，在3 000～5 000毫克/千克的乙烯利溶液中浸蘸约半分钟，再按50厘米左右的厚度堆放于阴凉处或室内，在温度为30℃，相对湿度为80%～95%的条件下，经过5天左右，离皮率可高达95%以上。若果堆上加盖一层厚约10厘米的干草，2天左右即可离皮。据测定，此法的一级果率比堆沤法高52%，核仁变质率下降到1.3%，且果面洁净美观。乙烯利催熟时间的长短与用药浓度的大小和果实成熟度有关，果实成熟度高，则用药浓度低，催熟时间短。

（3）机械脱皮法　依据揉搓原理，将带青皮的核桃放在转动磨盘与硬钢丝刷之间进行磨损与揉搓，使得核桃青皮与坚果分离，若核桃青皮水分含量少，核仁皱缩，加之揉搓力大，则很容易在脱青皮时损伤核仁。因此，用机械脱皮法脱除核桃青皮时，必须在采收后的1～2天内脱除。

2. 漂洗处理 核桃脱去青皮后，通过清洗可去除坚果上的泥土、残留的烂皮和枝叶。清洗的方法有人工清洗与机械清洗。人工清洗的方法是将脱皮的坚果装筐，把筐放入水池中或流动的水里，用竹扫帚搅洗。在水池中洗涤时，应及时更换清水，每次洗涤 5 分钟左右，洗涤时间不宜过长，以免脏水渗入壳内污染核仁。如不需漂白，即可将洗好的坚果摊放在席箔上晾晒。采用机械清洗，其工效是人工清洗的 3～4 倍，成品率也会提高 10%左右。

果农为了使成品核桃外观品质光滑洁净漂亮，往往将核桃洗涤后进行漂白。其具体做法是：在陶瓷缸内（禁用铁木制容器），先把漂白精（含次氯酸钠 80%）0.5 千克加温水 3～4 千克溶解开，滤去残渣，然后倒在陶瓷缸对清水 30～40 升配成漂白液，再将洗好的坚果放入漂白液中，用木棍搅拌 8～10 分钟，当核桃坚果壳面变为白色时，立即捞出并用清水冲洗两次，晾晒。只要漂白液不浑浊，就可连续使用，使用过的漂白液再加 0.25 千克的漂白粉即可继续漂洗，每次可漂洗核桃坚果 40 千克。

10.2.2 晾晒与干制处理

1. 自然晾晒干制 核桃坚果清洗后，不能在阳光下曝晒，以免果壳破裂，核仁变质。洗好的坚果应先在竹箔或高粱秸箔上阴干半天，待大部分水分蒸发后再摊放在芦席或竹箔上晾晒。摊放厚度不应超过两层果，过厚则容易发热，使核仁变质，也不易干燥。晾晒时要经常翻动，以免核壳背光面变为黄色，注意避免雨淋和夜间受潮。一般经 5～7 天即可晾干。判断是否干燥的标准是：坚果碰敲声清脆，横隔膜易于用手搓碎，核仁皮色由乳白色变为浅黄褐色。如晾晒过度，核仁会出油而降低坚果品质。

2. 人工干制处理 与自然晾晒干制比较，人工干制具有良好的加热装置及保温设备、通风设备和较好的卫生条件。尽管人工干制的成本较高，操作技术比较复杂，但无论是晾晒干制的条件，还是干制的坚果质量，它都优于自然晾晒干制，代表了食品干制的方向。

目前，我国的人工干燥设备按烘干时的热作用方式，一般分为对流式干燥设备、热辐射式干燥设备和感应式干燥设备 3 种类型。此外，还有间歇式烘干室与连续式通道烘干室及低温干燥室和高温烘干室之分。所用载热体有热水、蒸气、电能、烟道气等。间歇式烘干室普遍采用蒸气、电能加热，连续式通道烘干室则多采用红外线加热。电磁感应式干燥目前尚未广泛应用。生产上使用较多的是烘灶和烘房，它以炉灶加热、借空气对流完成热传导。

（1）烘灶　烘灶是最简单的人工干制设备，其形式多种多样，有的在地面砌灶，有的在地下掘坑。干制时，在灶中或坑底生火，上方架木檩、铺席箔，原料摊在席箔上干燥，通过火力的大小来控制所需的温度。这种干制设备，结构简单，生产成本低，但生产能力低，干燥速度慢，劳动强度大，适合单个农户使用。

（2）烘房　目前生产单位使用的烘房多属烟道气加热的热空气对流式干燥设备，一般为长方形土木结构的比较简单的建筑物。其建筑物的形式很多，依升温方式的不同可分为一炉一囱直线升温式烘房、一炉一囱回火升温式烘房、一炉两囱直线升温式烘房、一炉两囱回火升温式烘房、两炉两囱直线升温式烘房、两炉两囱回火升温式烘房、两炉一囱直线升温式烘房、两炉一囱回火升温式烘房、高温烘房等。此外，烘房还可按房顶形式的不同，分为屋脊式、平顶式、窑洞式等。按烘房内烘架设置方式的不同，分为固定烘架式烘房和活动烘架式烘房。两炉一囱回火升温式烘房是目前生产上普遍采用的一种形式，为长方形土木结构，一般长度为 6～10 米，宽度为 3～3.4 米，高度为 2～2.2 米，其主要设备有升温设备（包括火坑、灰门、炉膛、主火道、墙火道、烟囱等 6 个主要部分）、通风排湿设备（进气窗和排气筒)、装载设备（烘架和烘盘)、门、过道、照明设备、测温湿度设备等。

10.2.3 核桃的分级和包装

1. 坚果分级标准和包装 晾晒干制后的核桃坚果要进行分级，因为核桃坚果质量的优劣深受生产者、经营者、消费者和外贸部门的关注，所以不同坚果的品质具有不同的价格。核桃坚果质量等级分为特级、一级、二级、三级4个等级，每个等级均要求坚果充分成熟，壳面洁净，缝合线紧密，无露仁、虫蛀、出油、霉变、异味，无杂质，未含有有害化学物。

(1) 特级核桃 果形大小均匀，形状一致，外壳自然黄白色，果仁饱满、色黄白、涩味淡；坚果横径不低于30毫米，平均单果质量不低于12.0克，出仁率达到53%，空壳果率不超过1%，破损果率不超0.1%，含水率不高于8%，无黑斑果，易取整仁；粗脂肪含量不低于65%，蛋白质量达到14%。

(2) 一级核桃 果形基本一致，出仁率达到48%，空壳果率不超过2%，黑斑果率不超过0.1%，其他指标与特级果指标相同。

(3) 二级核桃 果形基本一致，外壳自然黄白色，果仁较饱满、色黄白、涩味淡；坚果横径不低于30毫米，平均单果质量不低于10克，出仁率达到43%，空壳果率不超过2%，破损果率不超过0.2%，含水率不高于8%，黑斑果率不超过0.2%，易取半仁；粗脂肪含量不低于60%，蛋白质含量达到12%。

(4) 三级核桃 无果形要求，外壳自然黄白色或黄褐色，果仁较饱满、色黄白色或浅琥珀色、稍涩；坚果横径不低于26毫米，平均单果质量不低于8克，出仁率达到38%，空壳果率不超过3%，破损果率不超过0.3%，含水率不高于8%，黑斑果率不超过0.3%，易取1/4仁；粗脂肪含量不低于60%，蛋白质含量达到10%。

分级后的核桃坚果，要用干燥、结实、清洁和卫生的麻袋包装，每袋装 45 千克左右，包口用针线缝严，在包装袋的左上角标明批号，果壳薄于 1 毫米的核桃可用纸箱包装。在运输过程中，应防止雨淋、污染和剧烈的碰撞。

2. 核仁分级标准和包装

（1）取仁方法　核桃取仁有人工取仁和机械取仁两种。我国多采用人工砸取的方法。核桃仁分干砸、湿砸两种。所谓干砸，就是将核桃充分风干降低水分（一般在 5%以下）后，开始砸仁，这种核桃仁，碴干色白，俗称“阳碴”，干脆且有光泽为佳品，深受国外客户欢迎；所谓“湿砸”就是未等核桃水分降低而砸仁。湿砸核桃仁，碴口发暗，带有类似泛油现象，不脆且灰暗无光泽，俗称“阴碴”。这种核桃仁较易变质。但由于贮存等方面原因，碴口有出油现象的干砸仁不属此例。砸仁时应注意将缝合线与地面平行放置，用力要均匀，勿猛击和多次连击，尽可能获得整仁。为了减轻坚果砸开后核仁受污染，砸仁之前一定要清理好场地，保持场地的卫生，不能直接在地上砸，坚果砸破后先装入干净的篓子中或堆放在塑料布上，砸完后再剥出核仁。剥仁时最好带上干净手套，将剥出的核仁直接放入干净的容器或塑料袋内，然后再分级包装。机械破壳取仁通常采用压核机压碎壳取仁，效率远高于手工破壳。以澳大利亚为例，其机械取仁是包括坚果分级、导向、挤压破壳、壳仁分离、核仁分级包装等在内的流水线生产作业系统，大大提高了核桃仁的等级和效益。

（2）核仁分级标准与包装

根据核桃仁的颜色和完整程度，将核桃仁分为八个等级，行业术语将“级”称为“路”。

白头路：1/2 仁，淡黄色；

白二路：1/4 仁，淡黄色；

白三路：1/8 仁，淡黄色；

浅头路：1/2 仁，浅琥珀色；

浅二路：1/4 仁，浅琥珀色；

浅三路：1/8 仁，浅琥珀色；

混四路：碎仁，核仁色浅且均匀；

深三路：碎仁，核仁深色。

在核桃仁分级时，除注意核仁大小和颜色外，还要求核仁干燥、肥厚、饱满、无虫蛀、无发霉变质、无异味、无杂质。不同等级的核桃仁，出口价格不同，白头路最高，浅头路次之，但完全符合上述两种类型的核仁并不多。我国大量出口的核仁产品为白二路、白三路、浅二路和浅三路四个等级，混四路和深三路类型的核仁均作内销与加工用。

核桃仁的包装一般用纸箱或木箱。做包装核仁的木箱的木材不能有异味，一般每箱核仁净重 20～25 千克，包装时应采取防潮措施，在箱底和四周衬垫玻璃纸等防潮材料，装箱后立即密封、捆牢，并注明重量、等级和地址等。

10.2.4 贮藏技术

与水果相比，核桃仁的生理代谢和成分变化相对比较稳定，这就使核桃有着相对较长的贮藏期，但在核桃不立即出售或加工的情况下，就必须为核桃提供一个适宜的贮藏条件，并采用合理的贮藏方法，以保证核桃仁的质量。

1. 贮藏条件 核桃贮藏期的长短与贮藏效果的好坏，由自身条件和外界条件两个方面决定。自身条件包括核桃品种特性、坚果的破损度、核仁含水量等，一般纸皮核桃最不耐贮，厚壳核桃最耐贮；破损度越高，贮藏期越短，完整无缺的核果贮藏期最长。相比之下，核仁含水量是更为重要的决定因素，一般长期贮藏的核桃要求含水量不超过 7%。

（1）贮藏环境的温度　低温环境是核桃进行长期贮藏的首选条件。研究表明，核桃坚果及核仁的贮藏时间随温度的降低而延长。有研究者证实，核桃仁在 10℃，保质期可达 1 年，其物理、化学、感官等品质指标均在规定范围内。另有研究者推荐核桃最佳贮藏温度为 0～2℃。研究显示：核桃坚果封入聚乙烯袋中，在冷冻条件下可保存良好品质 2 年以上。

（2）贮藏环境的相对湿度　环境相对湿度的控制对核桃仁是否能保持核仁的颜色、香气和质地有着很重要的意义，一般控制相对湿度在 50%～60%为宜，若相对湿度小于 40%，核仁会失水干瘪，降低坚果品质；如果贮藏环境的相对湿度达到 70%或超过 70%以上时，就会有大量的霉菌产生，核仁的含水量也会升高，势必影响贮藏效果。

（3）贮藏环境的气体成分　与其他果品贮藏相似，核桃的贮藏也需要低氧高二氧化碳的环境。核桃的脂肪含量很高，要特别注意氧气的含量。一般来说，其贮藏环境的氧气含量应低于 1.5%，二氧化碳或氮气浓度达到 70%以上，在这样的环境中，可抑制呼吸，减少消耗，防止氧化，同时能抑制霉菌活动，防止霉烂，并能有效降低虫害、鼠害。

（4）贮藏期间的管理　在核桃贮藏期间，要定期观察监测，及时去除坏果和烂果。在贮藏期间，最容易出现的是霉烂、虫害和发生哈喇味。核桃在贮藏期间发生霉烂的主要原因是受微生物浸染所致，这些微生物有些是在果园田间浸染核桃果实，然后潜伏为害，而大部分是在采后的处理过程中受到浸染。核桃仁芳香味美，富含蛋白质和脂肪，容易招引昆虫的为害。发生哈喇的原因是核桃仁中含有较多的脂肪，脂肪在温度高、水分多及氧气充足时容易发生氧化变质而产生哈喇味。在贮藏中，应注意防止和处理上述现象。

2. 贮藏方法

（1）普通贮藏　分干藏和湿藏两种方法。食用的核桃一般用干藏法，用来播种的可用湿藏法。在贮藏前应确定核桃坚果已被完全晒干，干藏时将核桃装入布袋或麻袋、篓内，放在通风、冷凉干燥的地方即可。为以防万一，将其悬挂保存也可。在贮藏期间，要定期检查翻动，防止鼠害、霉烂及发热。

（2）低温贮藏　需要长期保存的核桃就必须有低温的贮藏环境，对于贮藏量小的，可将坚果封入聚乙烯袋中，然后放在0～5℃的冰箱保存。有条件的地方，大量贮藏可用麻袋包装，贮存于低温气调冷库（温度－1℃、相对湿度50%～60%、氧气浓度在1%以下）中，效果更好。

（3）塑料薄膜帐贮藏　其原理类似于气调库贮藏。将适时采收并处理后的核桃装袋后堆成垛，贮放在低温场所，用塑料薄膜大帐罩起来，把二氧化碳气体充入帐内（充氮也可），以降低氧气浓度。贮藏初期二氧化碳的含量可达到50%以上，以后保持20%左右，氧气在1.5%左右，使用塑料帐密封贮藏应在温度低、干燥季节进行，以便保持帐内低湿度。研究证实，在24℃充二氧化碳条件下贮藏4周后，其色泽、风味与在空气中贮藏有明显的不同，在25周后仍然有较好的质量，而在空气中贮藏就出现返油变质现象。

10.3　加工及利用

10.3.1　营养价值、功效与作用

1. 营养价值　核桃仁营养丰富，含有丰富的蛋白质、脂肪，矿物质和维生素。据测定，每100克核桃仁中含蛋白质15.4克，脂肪63克，碳水化合物10.7克，钙108毫克，磷329毫克，铁3.2毫克，硫胺素0.32毫克，核黄素0.11毫克，尼克酸1.0毫克。脂肪中含亚油酸多，营养价值较高，此外，还含有丰富的维生素B、维生素E。

研究发现，每100克核桃肉中含有20.97个单位的抗氧化物质，它比柑橘高出20倍，菠菜的抗氧化成分为0.98个单位，胡萝卜为0.04个单位，番茄为0.31个单位。科学家们认为，人吸收了核桃的抗氧化物质，可使肌体免受很多疾病的侵害。迄今为

止，人们已知道经常吃核桃可以减少血液中胆固醇的含量，并减少患心血管疾病的可能性。

2. 功效作用　核桃仁的食用和药用价值很高。核桃中所含脂肪的主要成分是亚油酸甘油酯，食后不但不会使胆固醇升高，还能减少肠道对胆固醇的吸收，因此，可作为高血压、动脉硬化患者的滋补品。此外，这些油脂还可供给大脑基质的需要。核桃中所含的微量元素锌和锰是脑垂体的重要成分，常食有益于脑的营养补充，有健脑益智作用。

核桃不仅是最好的健脑食物，又是神经衰弱的治疗剂。患有头晕、失眠、心悸、健忘、食欲不振、腰膝酸软、全身无力等症状的老年人，每天早晚各吃1～2个核桃仁，即可起到滋补治疗作用。核桃仁还对其他病症具有较高的医疗效果，如它具有补气养血、润燥化痰、温肺润肠、散肿消毒等功能。近年来的科学研究还证明，核桃树枝有一定的抗肿瘤的作用。

核桃仁含有亚麻油酸及钙、磷、铁，是人体理想的肌肤美容剂，经常食用有润肌肤、乌须发，及具有防治头发过早变白和脱落的功能。

核桃仁还含有多种人体需要的微量元素，是中成药的重要辅料，有顺气补血、止咳化痰、润肺补肾等功效。当感到疲劳时，嚼些核桃仁，有缓解疲劳和压力的功效。

10.3.2　常见加工技术

核桃常见的加工产品包括罐藏类食品、糖制品、炒货制品、果汁及饮料食品、核桃油、核桃酒等形式。每种类型根据口味又分为多种加工形式，下面就生产中常见的加工技术加以介绍。

1. 糖水核桃罐头

(1) 原料准备　核桃仁、1%氢氧化钠溶液、1%盐酸、0.5%明矾、0.03%焦亚硫酸钠、0.9%乙二胺四乙酸钠盐、糖液。

（2）工艺流程　原料验收→水煮→破壳取核桃仁→去黑衣→漂洗→预煮→冷却→漂洗→装罐→注糖液→密封→杀菌→冷却→检验→成品。

（3）操作要点

原料处理：按要求剔除虫蛀、病害等不合格核桃。将合格品用相当于其1.5～2倍的水煮3～5分钟，然后取核桃仁，尽量保持完整。

去黑衣：将核桃仁置于90℃的1%氢氧化钠溶液中5～8分钟，捞出后置于清水中搓去黑衣，漂洗后用1%盐酸中和，再漂洗2～3次，然后浸于清水中漂洗1小时，中间换水2～3次。

预煮、冷却：预煮水为核桃仁的2～3倍，以淹没核桃仁为度，在水中加入0.5%明矾、0.03%焦亚硫酸钠和0.9%乙二胺四乙酸钠盐，煮沸25～30分钟，待核桃仁煮透呈透明状为止。置于流动水中冷却1～1.5小时即可。

糖液配置：糖液中含20%白砂糖、0.06%脂肪酸蔗糖酯、0.02%乙二胺四乙酸钠盐、0.1%柠檬酸和0.5%氯化钙。

装罐、注糖液：一般使用500克玻璃瓶，核桃仁装量为275～300克，糖液加至瓶颈。

密封、杀菌：采用抽真空密封，真空度为40千帕，沸水杀菌40分钟，然后分段冷却至40℃。

2. 核桃酥糖

（1）原料准备　核桃仁80克、白砂糖1 000克、大豆190克、饴糖400克、玉米230克、植物油50克、维生素A 2.5毫克、柠檬酸0.5克、维生素C 500毫克、水350克。

（2）工艺流程　原料选择→去皮→混合→粉碎→加糖→掺粉→切分→造型→包装。

（3）操作要点

原料选择：应选择粒大、饱满、无霉变、无病虫的大豆、核桃仁和玉米。

粉碎、强化：将处理好的大豆、核桃、玉米混合粉碎，添加维生素A和维生素C混匀，放入40～50℃的烘箱内备用。

加糖：加入熬制好的糖。熬糖时应先将水加入不锈钢锅中加热，然后放入白砂糖，融化后加入饴糖，沸腾后过滤，继续熬煮，加入植物油并不断搅拌，变黏后加入柠檬酸，最后糖浆升温至160℃即可。

掺粉、切分、造型：熬好的糖倒在刷油板上压平，表面用40～50℃的备用粉撒匀，而后折叠压平再撒粉，重复操作直至糖成薄纸状而不断裂为止。此操作应在最短时间内完成。将做好的糖切成大小合适的块并拧成麻花，凉后包装。

3. 香酥核桃仁

(1) 原料准备　去皮核桃仁、淀粉、全脂奶粉、白砂糖、蜂蜜、糖浆、蛋白糖、β-环糊精、香兰素、D-异抗坏血酸钠、碳酸氢钠、柠檬酸、苹果酸。

(2) 工艺流程　香酥糖浆制备工艺流程：淀粉、水→糊化→热浆（甜味剂、酸味剂、D-异抗坏血酸钠、全脂奶粉）→冷却→调配（碳酸氢钠、β-环糊精、香兰素）→香酥糖浆。

成品制作工艺流程：去皮核桃仁→上糖衣→烘制→冷却→整理→装袋→封口→检验→装箱→入库。

(3) 操作要点

核桃原料的选择：要求无杂质、无污染、无异味，壳面干净卫生，个大，壳薄，大小整齐，出仁率40%以上。

去壳：一般人工去壳，尽量减少核桃仁破碎。

核桃仁选择：去除碎仁、虫仁、霉变仁等不合格仁，剔除杂质。

去皮：用0.4%的硬脂酸钠和0.2%氢氧化钠溶液，在95～100℃下去皮10分钟，然后用0.1%柠檬酸中和。其中，溶液与核桃仁之比为3～4：1。中和前先用水冷却，漂洗去残皮、残碱。

护色：以0.1%柠檬酸、0.15%氯化锌和0.1%抗坏血酸钠组成的溶液与核桃仁之比为1.5～2∶1，浸渍20分钟。

脱水：采用离心式脱水，2 000转/分钟，脱水15分钟，使含水量≤20%。

淀粉加水糊化：将10倍于淀粉重量的水先煮沸，然后将淀粉用冷水皂浆，在搅拌的同时加入沸水中糊化，再加入奶粉、糖、酸及D-异抗坏血酸钠，不断搅拌，以防局部烧焦，待淀粉熟后及时冷却至50℃。

上糖衣：按去皮核桃仁∶香酥糖浆为2∶3～4的比例，搅拌均匀，温度可从50℃升到80℃，处理1个小时后，过滤出多余的浆液，可重复使用。

烘制：将上好糖衣的核桃仁均匀铺在物料干燥盘上，进入烘箱，再110℃下烘至含水量≤7%，即可冷却。

冷却、整理：在温度低于20℃，湿度低于70%的环境下进行冷却，以防止吸潮。冷却至室温后，用10～20目的振动筛过筛，筛上部分成品即可包装，筛下部分为颗粒状糖浆，可加入到香酥糖浆中重复利用。

装袋：采用130毫米×170毫米的铝箔复合袋，避免杂物进入袋内。

封口：采用真空充气包装机封口，先抽走袋内空气。充入氮气，可使产品保存1年以上，若采用非充气包装，也可保存8个月不变色、不变味。封口后及时检查袋口是否封严。

装箱、入库：每箱装入50袋，拣除封口不严密、不牢固的袋子。入库贮藏温度低于20℃。

4. 核桃汁

（1）原料准备　核桃仁、白砂糖、蔗糖酯、食品消泡剂、羧甲基纤维素钠、柠檬酸钠。

（2）工艺流程　核桃仁→挑选去杂→浸泡→磨浆→渣浆分离→配料、调制→均质→脱气→灌装→封罐→杀菌→检验→

成品。

（3）操作要点

浸泡：将核桃仁用0.5%碳酸氢钠浸泡，除去其种皮色素，并用清水冲洗干净。一般夏季1～2个小时，冬季3～4个小时。

磨浆、分离：将浸泡好的核桃仁加清水，用胶体磨磨浆，先用100目筛粗滤，再用200目筛精滤。磨浆时用水量以核桃仁的10倍为宜。

配料、调制：将白砂糖溶解过滤后倾入浆液中，蔗糖酯、食品消泡剂、羧甲基纤维素钠用温水溶解后加入，搅拌均匀，加热至85℃，加入柠檬酸钠并将pH调节至6.4～6.8。

均质、脱气：混合液调制后，泵入高压均质机，经20～25兆帕压力均质处理，同时开启脱气机，控制真空度不小于0.08兆帕，进行脱气处理。

灌装、杀菌、检验：利用灌装线热灌装，温度60～65℃，封罐。杀菌在118℃下进行。对成品进行感官及常规检验，剔除不合格者。

5. 核桃酸奶

（1）原料准备　核桃仁、白砂糖、脱脂牛奶、稳定剂、增稠剂、乳酸杆菌、嗜热链球菌。

（2）工艺流程　核桃仁→去种皮→浸泡→磨浆→均质→过滤→调配→杀菌→冷却→接种→装瓶→前发酵→后发酵→冷藏→成品。

（3）操作要点

配料：核桃仁3.5%、脱脂牛奶6.5%、稳定剂0.2%、增稠剂0.5%。

杀菌、冷却：将混合的浆液加热至90℃，保持15分钟，然后冷却至45～50℃。

菌种驯化：将乳酸杆菌和嗜热链球菌分别接种在杀菌后的

牛奶中，在恒温箱中培养，连续传代2～3次，活力达到使牛奶4个小时凝固，而后在含核桃仁2.5%、奶粉7.5%的浆液中传代培养8～10次，再在含核桃仁和奶粉各5%的浆液中传代培养12～15次，活力达到4小时凝乳。冷却后的浆液以4%～5%的比例接种混合发酵剂，随即装入已消毒的瓶中，立即封口。

发酵剂的制备：将驯化好的菌种接种在核桃仁和脱脂奶粉各5%、蔗糖4%的培养基中扩大培养，接种量为1%，培养4～5个小时。

前发酵和后发酵：先将已接种的瓶在42～43℃条件下培养4个小时，然后置于室温下1个小时后发酵。

冷藏：后发酵结束后，再置于4～6℃条件下后熟6个小时以上，使酸乳成分进一步转化，以产生浓郁香气。

6. 果味核桃乳

(1) 原料准备　核桃仁、水、0.1%焦磷酸盐、亚硫酸、白砂糖、柠檬酸、果汁、0.2%羟甲基纤维素钠。

(2) 工艺流程　核桃仁→去薄皮→冷榨→部分脱脂核桃仁→磨浆→过滤→调配→均质→灌装→杀菌→冷却→成品。

(3) 操作要点

去薄皮：选好的核桃仁在沸水中煮2～3分钟，停止加热后浸泡使薄皮发软，剥皮，再用开水焯一下后立即用清水冷却透，捞出放在竹筛上滤去水分。

冷榨脱去部分油脂：利用榨油机冷榨除去40%～50%的油脂，压榨压力以98.06～117.68兆帕为宜。成品中保持适量油脂，对改善产品的口感和风味有较好的作用。如除油太多，蛋白质会热变性，除油量太少，难以解决脂肪上浮和挂壁现象。

磨浆：脱去部分油脂的核桃仁送入辊磨机中粗磨，粗磨时添加3～5倍量的水，磨浆呈均匀浆状时送入胶体磨精磨，精磨时添加 0.1%焦磷酸盐和亚硫酸的混合液护色，防止褐变。

过滤：最好用离心机过滤，没有条件的可采用 100 目筛网过滤。

调配：在过滤后的乳液中添加适量的白砂糖、柠檬酸、果汁。以调整产品的口味。在加酸和果汁之前加入 0.2%羟甲基纤维素钠，以保证酸和热处理条件下保持稳定。

均质：调配后进行均质处理。高压均质机工作压力稳定在 23 兆帕时，进行第一次高压均质，然后再送入高压均质机，在 23 兆帕下进行第二次高压均质。

灌装：灌装用的瓶子和瓶盖经清洗消毒后方可使用。

杀菌：封口后在沸水中保持 20 分钟进行杀菌。

冷却：杀菌后进行分段冷却，先用 50～60℃的温水冷却，再用 20～30℃的冷水冷却至常温即得成品。

7. 核桃酒

（1）原料准备　核桃仁、葡萄原酒、香料、酒精、白砂糖、柠檬酸、白明胶。

（2）工艺流程

红原酒的生产工艺流程：红葡萄→分选→破碎→发酵→分离→后发酵→甲级红原酒。

香料浸提液的生产工艺流程：香料→分选→粉碎→浸泡→分离→过滤→香料浸提液。

核桃酒生产工艺流程：核桃仁→分选→破碎→浸泡（脱臭酒精）→分离→浸泡（脱臭酒精）→分离→浸泡（软水）→果渣分离→核桃浸提汁→配制（红原酒）→加胶→过滤（香料浸提液）→封装→成品。

（3）操作要点

核桃仁破碎：核桃仁经挑选后，采用特制破碎机，要求果实破而不碎。

核桃仁浸泡：前两次浸泡需加入 2 倍于核桃仁量的 75%脱

臭酒精，分别浸泡1个月。第三次浸泡需用核桃仁等量的软水浸泡10天，浸泡期间要求每3天翻池一次，3次浸泡液混合使用。

甲级红原酒生产：按优质红葡萄酒正常发酵与贮存工艺进行。

香料浸提液制取：将覆盆子等药材粉碎后，用75%酒精浸泡1个月后，分离过滤。

加胶方法：用软水将明胶洗净后加10倍的软水浸泡12个小时，倒去浸泡水，然后加入10倍软水，采用水浴法保持50～55℃进行胶化，待胶全部溶化后，加入10倍于胶液的酒稀释，然后再加入酒中，搅拌均匀即可。

8. 核桃油及核桃粉

（1）原料准备　核桃仁。

（2）工艺流程　核桃仁→低温取油→核桃饼→破碎→轧坯→核桃坯→浸出罐→脱溶→低温粕→超微粉碎→核桃蛋白粉。

（3）操作要点

预榨：选用液压榨油机榨油，压力控制在4～10兆帕，要少升，勤升，不能一次升压过高，否则油容易以浆状喷出或油料间流油通道封闭和收缩，出油率反而下降。

破碎：压榨后的核桃仁因受外力的作用，其结构已经改变，再经破碎机加工，破碎成小块，有利于轧坯。

轧坯：轧出的核桃坯应具有一定的韧性，粉末度小，适合萃取。

溶剂低温浸出：浸出器选用灌组式，料溶比为1∶1。所得的核桃油应为浅黄色，油中残溶在50毫克/千克以下，粕为白色，毛油及粕中维生素、生物活性酶等基本不破坏。

以上介绍的是核桃常见的加工形式，除此以外，核桃在我国用于菜点也有很长的历史，大部分是核桃产区城乡人民的家庭简易制作的传统吃法，如：焦酥核桃、八果夹心核桃、咖喱核桃、雪衣核桃、核桃羹、核桃酪、猪肉炖核桃或做成饺子馅、烙饼馅等。当然也有进入餐厅、饭店菜谱中的，如：北京饭店名菜桃仁鸡丁，上海风味的核桃鸡、核桃豆腐，吉林风味的番茄核桃鸡卷，陕西风味的核桃烩口蘑等。还有引自外国的，如：伊朗菜的核桃丸子，西餐中的核桃鱼等。无论做主料还是辅料，核桃都以其独特的风味和丰富的营养价值，备受大家的青睐。

11 无公害核桃基地化建设和产业化发展

11.1 无公害核桃生产的意义

无公害核桃是指无污染的安全、优质、营养的绿色核桃食品，核桃树的生长环境、生产过程以及采收、加工、包装、贮存运输中未被有害的物质污染。无公害核桃生产有严格的标准，即指产地符合一定条件、生产符合一定规范、产品符合一定标准、认证符合一定程序的取得合法品质优良特征标志的核桃产品。无公害农产品是既要具有优质农产品的营养品质，又要有健康安全的食用品质。面对国际市场的激烈竞争，发展无公害核桃产品，势在必行。发展无公害核桃生产要从以下两方面做起。

首先是选择无公害基地，建设生态核桃园。建园要选择无污染的生态环境，基地附近没有形成污染源的工矿企业，以防止工业“三废”的侵害。供核桃园用水的河流或地下水的上游无排放有毒有害物质的工厂；土壤不含天然有害物质；核桃园距主干公路 50 米以上。建园前请环保部门对基地附近的大气、灌溉水和土壤进行检测，有害物质含量不得超过国家规定标准。另外，要加速实施生态农业的具体措施。如在核桃园管理中种植蜜源植物和牧草绿肥，引放蚯蚓、养鸡、养家畜等，生草栽培与养殖相结合。提倡核桃园“一亩地一头猪、一株树一只鸡”的生态模式，这样既解决了有机肥源不足、土壤肥力退化的难题，又使核桃园植被多样化，改善了园内生态环境，达到核桃园生态化和产品标准化的同步发展。

其次要制定无公害核桃生产技术规程。无公害核桃产品生产是一项新的多学科的系统工程，除选择无公害生态环境外，还应抓好各项配套措施的落实，制定科学实用的生产技术规程是一项基础工作。要因地制宜采用可操作性强的先进技术，根据不同核桃品种的特性，结合本地果园的自然条件，制定切实可行的操作规程，从立地条件、品种和苗木的选择，到建园定植、土肥水管理、整形修剪、花果管理和病虫害的防治，直至核桃产品包装贮运都要严格要求。各项技术措施要符合无公害果品生产要求，特别是施药、施肥等关键技术，必须符合有关标准，国家明文禁用的、成分不明的以及未经国家批准生产的农药、肥料、植物生长调节剂等均不能使用。

推广无公害核桃生产技术，发展无公害核桃生产，是提高核桃质量，增强核桃产品市场竞争力的有效技术手段；是保障人民群众身体健康和生命安全的有效技术措施；是促进农业可持续发展的技术保障。推广无公害核桃生产技术，发展无公害核桃生产，提高核桃产品安全质量意识，生产无污染的、安全的、优质营养的无公害核桃产品，能有效促进农业生产方式的转变，激励粗放型农业向集约型农业、传统农业向现代农业变革，是调整和优化农业生产结构的需要；是提高人民生活水平，保障人民身体健康，适应和满足国内核桃产品商品市场需求，保障核桃产品有效供给，增加农民收入的现实需要；是提高我国核桃产品在国际市场中竞争能力，创立核桃产品名优品牌，加快外向型农业发展的战略选择；是合理开发和利用农业资源，保护生态环境，促进农业和农村经济持续发展的有效途径。因此，推广无公害核桃生产技术，发展无公害核桃生产具有现实战略意义和深远的历史意义。推广无公害核桃生产技术，对于改善我国西北、东北、华北等地区食用核桃膳食结构，扩大出口创汇，发展外向型农业，保障人们身体健康，都将产生深远影响。

11.2 实现无公害干果标准化生产的措施

11.2.1 加强宣传培训，提高全民无公害果品生产的认识水平

无公害农产品生产是果品结构调整的主要环节。各宣传部门要以多种形式开展无公害农产品的宣传，普及无公害农产品的知识，提高全民无公害农产品生产和消费意识。农林部门应大力推广应用无公害农产品生产技术、科学防治病虫害技术和施肥技术，提供科技指导和服务，使生产的无公害农产品质量安全得到保证，让广大老百姓真正放心。首先，可以采取送科技下乡、举办技术培训班等形式，大力推广普及无公害栽培技术，把无公害生产技术标准转化为通俗易懂、便于操作的技术规范和要点，搞好对农民的科技培训。其次，利用新闻媒体宣传报道无公害生产基地典型，充分发挥典型的科技创新和科技示范作用。

11.2.2 加快环境评价步伐，推进无公害核桃的专业化生产

无公害生产的两个重要组成部分是清洁良好的生产环境和开展环境评价，各级农业行政主管部门要加快环境评价、资质认证、标志许可使用等工作，在干果产业化基地和高新科技园区的评价工作基础上，对有条件初步实行标准化、规范化的无公害核桃生产基地逐批予以认证，高起点建设生产基地。

11.2.3 抓四大体系建设，推进无公害干果生产

初步完善的四大体系建设是无公害果品生产的重要保障。

一是标准体系。无公害农产品标准是无公害农产品生产管理的重要依据。要强化标准意识，用严格的标准去规范果品生产。各地农业生产部门要在执行国标、省标和市标的基础上，有针对性地制定果品的地方性技术操作规程和技术要点，加大实施力

度，严格按标准组织生产，把无公害标准化生产作为指导生产、技术推广、良种引进、基地建设产业化经营等多方面的一项基本要求，积极引导农民在无公害生产中最大限度地降低化肥、农药对核桃产品的污染。

二是监测体系。质量监测是保证无公害化生产的基础。首先，建立健全无公害质量检验检测体系。其次，选送人员到科研院校进行定向培训，从而形成有技术、有设备、有能力的权威性监测机构，开展定期和不定期的无公害核桃园环境质量、产成品在地监测。然后，开展全程监控生产过程，对无公害核桃产品产业化经营的各个生产加工环节都要全程跟踪监测。同时，对核桃产品生产投入品进行监控，禁止高毒、高残留、高致畸农药在生产中的应用，限用中等毒性农药。严格执行安全间隔期。最后，严格监控加工销售过程，避免二次污染，确保无公害产品标准。

三是认证体系。凡具备无公害农产品生产条件的单位和个人根据相关的生产技术规范，可自愿申报无公害农产品生产基地资格，申请资格认证。设区的市、县（市）农业和渔业环境监测机构受省无公害农产品认证机构的委托受理本行政区域内单位和个人无公害农产品的申报，并进行初步审核。无公害农产品生产单位和个人也可以直接向省无公害农产品认证机构申报。省一级农业环境监测机构或者其他有资质的检测机构受无公害农产品认证机构委托，依据国家或省级有关《无公害农产品（食品）》标准对无公害农产品基地环境和产品进行监测和检测，并出具综合评估分析报告。无公害农产品认证机构根据综合评估分析报告对申报产品进行评审，并根据评审结果进行认定。凡被认定为无公害农产品的，应当颁发无公害农产品证书（图形标志），并向社会公告。申请使用无公害农产品证书（图形标志）应按规定交纳费用。

四是信息服务体系。随着信息技术的飞速发展，信息化已经成为世界经济和社会发展的大趋势，农业信息化是农业现代化的重要标志，加快农业信息化进程，有利于缩小城乡数字鸿沟，有利于促进农民转变观念，提高素质，有利于现代科技与农业相结合，加强农业综合生产能力建设。农民缺资金、缺技术，更缺信息，推进农业信息化是政府行为，是一项重要的公益性事业。关键要建立一个信息服务体系，主要包括信息服务资源、信息资源发布、信息服务对象以及信息服务的环境。信息服务体系可以通过自然演变以及通过市场化逐步形成，但在现代经济发展情况下高效率、高质量的服务体系，必须通过政府的干预，加速信息服务体系建设。

11.2.4 发展集约化生产，加强无公害核桃合作经济组织建设

无公害核桃合作经济组织是核桃种植者自愿入股联合，实行民主管理，获得服务和利益的一种合作成员个人所有与合作成员共同所有相结合的经济组织形式。自愿、民主、互利和惠顾者与所有者相统一的合作经济组织。加强无公害核桃合作经济组织建设，必须提高农民的组织化程度，解决小生产与大市场的矛盾。各部门要因势利导，按照“民办、民管、民受益”的原则，兴办不同形式的无公害核桃专业合作经济组织，可以以专业化生产区域、特色品种为基础，可以以技术服务为依托，建立专业服务组织，如无公害果品市场、环保农药专柜、无公害配肥站等，可以农民自办、技术人员领办，也可以部门牵头办，形式上不拘一格。专业合作经济组织担负着引导生产、服务农民、开拓市场的重要功能，必须依法运行，强调规范。

在抓好合作经济组织建设的基础上抓基地建设，在基地内抓好以环境建设为重点的基本条件改造和以推广病虫害综合防治、控制氮肥用量为主的无公害栽培技术。首先，重点推广平衡施肥技术和病虫害综合防治技术，如农艺措施防治病虫，包括选用抗

寒、抗病品种、喷洒农药等。其次，推广高效、低毒、低残留农药和生物防治技术；推广优质栽培技术，如合理密植、科学轮作、合理施肥、减少化肥用量、提高农家肥用量；杜绝用污水灌溉果园等。

11.2.5 抓龙头建设，争创名牌，推进无公害干果产业化经营

龙头企业是带领农民闯市场的“领头羊”，是实现千家万户生产与千变万化的市场衔接的经济核心。采取多种形式培育多种类型的龙头企业。推进无公害干果产业化经营的核心是要培育扶持、做强做大龙头企业。要打破所有制、地域、行业界限，国家、集体、民营一起上，谁有能力谁牵头，谁是龙头扶持谁，大力培育壮大龙头企业。逐步建立龙头企业与农户的利益联结机制，强化带动能力。龙头企业带动农户增收的关键是要建立合理的利益分配机制。必须坚持“突出重点，积极扶持”的原则，扩大规模，完善机制，强化管理，增强辐射带动能力。加强和扶持龙头企业建设，按照打破地域界限、优化资源配置、相对集中发展、形成规模经济的原则培育产业化的龙头，要突出规模大、带动面大，技术水平高、附加值高，外向型，新产品，多种所有制、多形式，采取合同契约、股份合作、资产参与等多种模式，使龙头企业与广大农户之间结成风险共担、利益均沾的经济利益共同体。要把龙头企业建设与新农村建设和对外开放结合起来，瞄准国际市场建设新的经济集团，将发展龙头企业、组织农民兴办专业合作社，作为新农村发展的新的经济增长点。切实搞好无公害果品品牌建设，争创名牌产品，努力发挥名牌产品在无公害果品生产中的作用。

11.2.6 加强市场建设，促进无公害干果生产发展

加强农产品市场建设，是实现产业化经营中非常关键的一

环，也是促进无公害核桃生产健康发展。这个环节抓好了就可实现无公害核桃优质优价，就能促进无公害果品生产的发展。加强农产品市场建设，首先，就必须统筹安排，合理布局，搞好供销合作社改革，提高农产品市场的组织化程度；就必须在现有集贸市场和地区性农产品批发交易市场的基础上，重点加强区域性农产品批发交易市场和中央农产品批发交易市场的建设，逐步形成农村集贸市场、区域性农产品批发交易市场和中央农产品批发交易市场三级市场体系，为农产品进入市场建立顺畅的通道。其次，必须加强产地无公害果品市场建设，实现质量检测、产品销售、宣传教育相结合，充分发挥市场的效能。市场信息体系建设以网络化为重点，加快信息内容、体系、服务、设备、管理和投入机制创新，加快与各地重点批发市场联网。要以无公害为主要内容，为果农提供科技、市场、政策、销售等多方位服务，促进无公害果品生产发展。

11.2.7 依法行政，强化无公害干果生产的监督管理

首先，加强对生产基地的管理，要有计划地组织建立无公害果品生产基地，对取得资质认证的无公害基地要设立标牌，实施规范化管理。无公害生产基地和基地的生态环境质量应不断改善，任何单位和个人不得在基地和基地附近建立对环境有污染的项目，不得排放工业废水和生活污水。其次，加强对农用生产资料的管理，加大执法力度，严厉打击伪劣农资，在生产基地严禁销售和使用高剧毒、高残留农药，对违反规定销售使用高剧毒、高残留农药的，依法给予处罚。第三，加强对无公害果品市场的监督管理，及时对上市的果品质量监测，定期发布检测结果。在市场实行无公害果品分区销售，设立无公害果品专柜，实行挂牌销售，确保优质优价。按照国际农业环保标准申报以县级无公害监测中心为重点的建设项目，构建“县有办公室及监测中心、乡有监测站、村有监测点和兼职技术员”的无公害生产初级认证体

系，对农产品生产、加工、贮运进行全程服务和监控。

11.3　核桃生产的产业化

11.3.1　核桃产业化经营的指导思想及基本特征

1. 什么是核桃产业化经营　农业产业化经营的实质就是用管理现代工业的办法来组织现代农业的生产和经营。它以国内外市场为导向，以提高经济效益为中心，以科技进步为支撑，围绕支柱产业和主导产品，优化组合各种生产要素，对农业和农村经济实行区域化布局、专业化生产、一体化经营、社会化服务、企业化管理，形成以市场牵龙头、龙头带基地、基地连农户，集种养加、产供销、内外贸、农科教为一体的经济管理体制和运行机制。

发展核桃产业化经营的指导思想是：围绕农业的农村经济结构战略性调整和增加农民收入这条主线，遵循市场经济规律，以体制创新、经营机制创新和技术创新为动力，大力提高核桃产业化经营的水平，增强中国核桃产业参与国际竞争的能力，为实现核桃产业化现代化奠定坚实基础。

核桃产业化经营是农业和农村经济结构战略性调整的重要带动力量。解决分散的农户适应市场，进入市场的问题，是经济结构战略性调整的难点，关系着结构调整的成败。目前，干部和群众对结构调整的重要和紧迫性虽有一定程度的认识，但结构调整这篇大文章还没有完全做好，结构上的问题，品种品质上的问题，布局上的问题还没有从根本上解决。农民对种什么？养什么？发展什么？还不完全清楚，甚至顾虑重重，有的连我们基层干部也不完全清楚。具体体现为：市场还看不准，发展路子还不宽，对农民的信息和技术服务还比较滞后。总体上还缺乏明确的规划不同程度地存在简单模仿外地经验和模式。要使结构调整不断向农业的深度和广度进军，有一点显得十分重要，就是要使千家万户的小生产与千变万化的大市场有机对接起来。农业产业化经营的龙头企业具有开拓市场，赢得市场的能力，是带动结构调整的骨干力量。从某种意义上说，农户找到龙头企业就是找到了市场。龙头企业带领农户闯市场，农产品有了稳定的销售渠道，就可以有效降低市场风险，减少结构调整的盲目性，同时也可以减少政府对生产经营活动直接的行政干预。农业产业化经营对优化农产品品种、品质结构和产业结构，带动农业的规模化生产和区域化布局，发挥着越来越显著的作用。

2. 发展农业产业化经营的指导思想 围绕农业的农村经济结构战略性调整和增加农民收入这条主线，遵循市场经济规律，以体制创新、经营机制创新和技术创新为动力，大力提高农业产业化经营的水平，促进农业整体素质和效益的提高，增强农业参与国际竞争的能力，为实现农业现代化奠定坚实基础。

核桃产业化就应当是以国内外市场为导向，以提高核桃种植者经济效益为中心，在当地农业生产中成为支柱产业和主导产品，呈现专业化生产、一体化经营、社会化服务、企业化管理的特色，把产供销、贸工农、科技紧密结合起来，形成一条龙的经营机制。核桃产业化的基本特征应包括市场化、集约化、社会化三个方面，其经营模式主要有龙头企业带动型、中介组织带动型、批发市场带动型、特色产业带动型、农业园区带动型等。

3. 核桃产业化的基本特征 核桃产业化经营与传统封闭的核桃生产经营相比，具有以下一些基本特征：

（1）市场化 市场是核桃产业化的起点和归宿。农业产业化的经营必须以国内外市场为导向，改变传统的小农经济自给自足、自我服务的封闭式状态，其资源配置、生产要素组合、生产资料和产品购销等靠市场机制进行配置和实现。

（2）区域化 即核桃产业化的生产，要在一定区域范围内相对集中连片，形成比较稳定的区域化的生产基地，以防生产布局过于分散造成管理不便和生产不稳定。

（3）专业化　即生产、加工、销售、服务专业化。核桃产业化经营要求提高劳动生产率、土地生产率、资源利用率和农产品商品率等等，这些只有通过专业化才能实现。特别是作为核桃产业化要求把小而分散的农户组织起来，进行区域化布局，专业化生产，在保持家庭承包责任制稳定的基础上，扩大农户外部规模，解决农户经营规模狭小与现代农业要求的适度规模之间的矛盾。

（4）规模化　生产经营规模化是核桃产业化的必要条件，其生产基地和加工企业只有达到相当的规模，才能达到产业化的标准。核桃产业化只有具备一定的规模，才能增强辐射力、带动力和竞争力，提高规模效益。

（5）一体化　即产加销一条龙、贸工农一体化经营，把核桃的产前、产中、产后环节有机地结合起来，形成“龙”型产业链，使各环节参与主体真正形成风险共担、利益均沾、同兴衰、共命运的利益共同体。这是农业产业化的实质所在。

（6）集约化　核桃产业化的生产经营活动要符合“三高”要求，即科技含量高、资源综合利用率高、效益高。

（7）社会化　即服务体系社会化。农业产业化经营，要求建立社会化的服务体系，对一体化的各组成部分提供产前、产中、产后的信息、技术、资金、物资、经营、管理等的全程服务，促进各生产经营要素直接、紧密、有效的结合和运行。

（8）企业化　即生产经营管理企业化。核桃产业化的龙头企业是规范的企业化运作，按照规范化和标准化的操作要求，带动农户由传统农业向现代化农业的方向发展。

上述特点说明，核桃产业化的内涵非常丰富，而且从这些丰富的内涵中，还可以引申出其他许多外延作用和意义。例如对乡镇企业产业结构和产品结构调整的作用，对新农村建设、小城镇建设和农村城镇化的推动作用等等。

11.3.2 核桃产业化的经营方略

1. 优化布局突出特色 农业产业化是推进农业和农村经济结构战略性调整、发展农村经济、增加农民收入的突破口。核桃作为我国大部分干旱少雨生态区域的适宜树种，作为新发展的优势产业，对农业产业化的经营将产生重要贡献。

由于各地存在地域、资源、气候等条件的差异，优势产业必然不尽相同，必须从实际出发，因地制宜，确定产业重点，这样才能真正培育和发展优势产业，形成特色。我国广大的“三北”地区的区域特色是：土地面积广阔，气候干旱少雨，光照强，温差大，核桃完全适应这样的环境条件，在调整农业生产布局基础上，运用市场机制和政策导向，促进核桃规范化、集约化、标准化的生产，形成区域明显、优势突出的核桃生产布局。

2. 在培育龙头企业上有新突破 广大农民由于分散生产和缺乏对市场的了解，面对瞬息万变的市场，常常感到无所适从。而龙头企业上连国内外市场，下连广大农民，是农民走向市场的依托，是真正的市场竞争主体。扶持龙头企业就是扶持农民。但目前真正有实力、有竞争力、有带动力的龙头企业还太少。抓紧培育壮大龙头企业，已成为当务之急。例如，山西威特食品有限公司是以核桃种植、生产、加工，出口贸易为主的全国龙头企业，经营规模在全国同行业中位居首位，现已被国家认定为国家级龙头企业。在该企业的带动下，山西省的核桃产业出现了前所未有的迅猛发展。

3. 科技创新是产业化的动力 科技创新是推进产业化快速发展、促进产业优化升级的动力之源。当前抓好农业科技创新，应着重解决四个问题。一是搞好种苗工程。加快种苗产业化进程，建立育、产、销一体化的种苗产业化经营机制，打破地区封锁和行业垄断，完善种苗市场供应体系；通过加大引进和繁育力度，加快品种的改良步伐，为生产高质量产品奠定基础。二是加快农业科研开发。按照企业办科研的方向，积极鼓励企业采取多种形式与大专院校、科研单位合作，共同开发新技术、新产品，提高产品的科技含量。三是加强科技推广力度。稳定现有农技推广队伍，扶持集体、民办等科技服务组织，实行多元化发展。四是大力发展无公害农业。抓紧制定和完善农产品质量与安全标准，生产安全、优质的农产品。山西省的万荣、榆次等地政府主管部门积极扶植、协调组织了核桃生产合作社，成为农民和大专院校的联系人、科技二传手，促进了核桃产业的稳步发展。

4. 完善经营机制是产业化健康发展的保障　农业产业化的发展，既是生产力的发展，又是农业运行机制的创新。搞好核桃产业化，就要机制创新，用市场经济的方式把企业与农户很好地联结起来，实现生产、加工、销售一体化经营。大力推行“企业＋基地＋农户”的经营模式，建立各经营主体的利益共同体，切实形成“风险共担；利益均沾”的利益分配机制，妥善处理好生产、加工、销售三者之间的利益关系，实现真正的产业化经营。采取多种形式，通过发展“订单农业”、合作经济组织和各类行业协会等方式，加速各类经济利益共同体的形成，提高农业生产的组织化程度。

5. 改变政府的管理机构为服务机构　农业产业化的发展对农业部门的工作提出了新要求。各级农业部门要改进工作方式，改善对农业的服务，由过去大包大揽、催耕催种的直接管理，转向以引导、协调、扶持、服务为主的间接管理。要树立大市场、大农业的观念，不能只着眼于本地、本省的小市场去发展某些产品，而要瞄准国内外市场发展规模产业；不能仅仅抓农产品的生产，而要坚持产、加、销一起抓；不能就农业抓农业，而要抓农业的对外开放，通过引资、引智、引企和开展对外经济技术交流与合作来发展农业。这样就为核桃产业的健康、稳定发展提供了一个良好的外部环境，建立了推进核桃产业化的支持保障体系。

用产业化经营带动农业农村经济的发展，是一项长期复杂的社会化系统工程，是对传统农业生产经营方式的一次撞击，是现代生产经营理念的进一步完善和发展。为此，各级各部门要把农业产业化经营作为农业发展、农民增收，实现农村工业化、城镇化及实现跨越式发展目标的根本途径，进一步加大政策扶持力度，努力创造适宜的政策环境；要切实转变观念，强化服务意识，消除本位主义，克服部门利益，合力推动农业产业化带动战略的顺利实施。

11.3.3 农业产业化经营中面临的问题

总体上讲，我国的农业产业化近年来获得了长足的发展，但与此同时，我们也必须清醒地认识到，目前我国农业产业化的总体水平还不高，发展中还存在一些亟待解决的问题。

1. 农业产业化程度低，市场缺乏竞争力 缺乏现代化的龙头企业，其核心是必须具备先进的设备，具有较高层次的技术研发队伍，能适合市场的需求，创出名牌；同时，用现代化的管理办法，用企业家的气魄和胆略，打造出我国特有的产品，形成核桃生产与加工的特色产业。

2. 农产品生产、加工、流通的产业链短 从横向看，产品研发能力低，新开发产品少，农产品专用品种和品质不能满足加工业的需求。从纵向看，产品加工深度不够，加工转化和增值率低。只有科研院所培育出优良的适合加工的品种，企业才能研究、开发出高科技含量的产品，科研院所是培育良种的主体，科研院所的研发资金有企业资助；只有企业、基地、科研院所形成强有力的联合体，才能使企业、基地有后劲，才能有广阔的市场前景，才能有明显的创汇优势和经济效益。

3. 农民进入市场的组织化程度低 农民组织化程度低，也制约了龙头企业与农户的利益联结机制的健全和完善。龙头企业的后劲是优质的原料基地。基地的规模化经营是实现企业价值的先决条件，太小的果园不利于规范化的技术管理，很难实现严格的生产技术标准，生产出高效益的农业产品。在农业较发达的欧盟和日本，解决类似问题的途径之一就是将单个农户联合起来，形成民间合作组织；其二是采取“公司＋农户”的“订单农业”形式，即有实力的公司组织农户连片栽种，吸纳农户共同生产，共同闯市场，靠有资金实力的龙头企业，作为单个农户与有技术实力的科研院所之间的对接桥梁。结合退耕还林和核桃适应能力极强的优势，建立优质核桃原料基地，走联合发展的道路。

4. 分散的农民利益易受损 分散的农民个体面对市场的能力很弱，进入市场的风险较大。以公司、企业为“龙头”，经济利益是各主体追求的目标，但初衷的不一致并不能决定最终利益分配上的平等。由于农户处于相对弱势地位，议价能力较低，利益分配上不利因素很多。据统计，在我国现阶段，农户一般只得到总利润的30%左右。农户与龙头企业之间很难实现利益均沾、风险共担。特别是在市场供求发生波动时，企业与农户的摩擦更多，矛盾加大，农户的经济利益就更难得到保障。当市场价低于合同价时，龙头企业往往借口农产品不合格、杂质多、水分大等拒收，损害农民的利益。单户农民与龙头企业的利益机制不健全，已成为制约农业产业化向纵深发展的主要因素。一些个体的规范措施也远远不成熟，以至在实施过程中，存在着许多制度上的漏洞。如在“龙头”与农户的权利、义务分配上的硬性制度缺乏，组织载体的市场违规操作等，都在一定程度上不利于农民利益的维护。另一方面，以协会、研究会为中介的产业化载体，由于其基本功能是为农户提供有组织的经营咨询与技术服务，内部不以盈利为目的，缺乏有效的利益制约，所以，从本质上说无力承担经营风险，一旦风险产生，农户将直接受害。

5. “龙头”单位的具体形式选择随意性大，经营效果不佳 具体说，有些经济较为发达的地区，基础设施比较完善，市场化发展较为成熟，但选择的龙头单位却是各种专业协会、在技术、资金和信息方面不占优势，致使农产品的质量和档次不高，面对国际农产品市场的激烈竞争，形势严峻。而在较为贫困的地区，却撇开专业技术协会的独特优势，选择其他与本地资源和市场发育程度不相适应的“龙头”单位，结果农产品产量没有提高，技术含量也很低，农民的贫困状况长期得不到改善。另外，就东西部地区来说，西部地区土地资源丰富，人口稀少，目前农业所面临的最大问题是如何提高土地资源的利用效率。在这种情况下，不应把有限的人力、物力分散，龙头单位不应选择除庄园以外的其他形式。而对于人口稠密的东部地区来说，规模农业不易形成，龙头单位应在提高农产品附加值上下工夫，形成产业链条较为稳妥。

6. 政府的作用陷入两个极端 在农业产业化进程中，政府应该起到什么作用，有些基层政府未能把握准确，走向了两个极端，一个极端是受传统计划经济的影响，政府对农业产业化的各个环节什么都管，包揽一切，不是指导，而是指令，结果不少做法违背市场规律，或者给龙头单位和农户造成损失，或者给政府自身背上沉重的包袱。另一个极端则是片面理解市场经济，认为市场经济就是单纯由市场配置社会资源，忽视政府必要的调节作用，在实践中就表现为政府对农业产业化撒手不管，或者是大而化之的象征性管理，而龙头单位和农户则排斥政府，我行我素。

上述两种倾向都是错误的，在实践中是十分有害的。正确的做法是，政府对农业产业化既不能包揽一切，也不能撒手不管，而就把政府的作用界定在一个适当的范围。一方面，农业产业化经营在我国尚处于起步阶段，促进和引导它健康发展，还需要发挥政府在规划、指导、扶持和管理等方面的作用。另一方面，要突出重点，要把政府工作的重点放在推动农业科技进步上。

11.3.4 推进农业产业化的对策建议

1. 制定农业产业化政策体系 用政策来营造一种社会环境，推行一种新的经济体制，搞活产业化经营机制。包括产权制度改革，扩展投融资渠道，加强技术创新与合作，培育核心竞争力等。这些才是发展产业化经营的核心动力和内在要求。主要是加大对农业产业化龙头企业的扶持力度，特别是对民营企业的培育和扶持，从财政、金融信贷、税收、土地、农产品流通服务领域等多方面明确龙头企业所能享受的优惠政策。

2. 培育农业产业化经营体系　农业产业化经营组织是指实行产供销一体化经营的农业企业、农产品市场、农产品行业协会、农业合作社、各类农业中介组织等。农业产业化经营体系是农业产业化的主体，包括产业化经营组织、农产品生产基地、供应商、消费者或市场。这就是最基本的产业化经营体系，即："供应商（服务商）＋公司（产业化经营组织）＋基地（农户）＋市场（消费者）"。我们应该把培育龙头企业作为发展农业产业化经营的着力点，建设标准化基地作为发展农业产业化经营的出发点。农产品信息、科技等社会化服务也逐步建立和完善，网上销售逐步成型。

3. 积极培育、完善市场体系　采用合作制的方式，提高农民的组织化程度；打破行政区划和所有制、行业和界限，发展跨区域、跨行业的多种形式的协作与联合，引导涉农企业实体采用股份合作制的方式，与农民或农民经济组织结成一体化经济合作组织；鼓励和支持多种形式的农民专业合作经济组织发展，继续扩大试点范围。按照民办、民管、民受益的原则，积极稳妥地发展各种形式的农产品行业协会，把转变政府职能同加强行业协会自身建设紧密结合起来，充分发挥行业协会在产业服务、行业自律等方面的作用。加强监督管理，使各类中介组织真正成为连接农户与龙头企业、农户与市场的桥梁和纽带，提高农民的组织化程度。积极培育农村市场中介组织，发挥其沟通信息、协调生产、调控价格、保护农民利益、保护农业生产的作用进一步完善市场法规和监管体系，以保障市场体系的有序运行。

4. 组织农民加入经济利益共同体　农业产业化经营并不是农业产前、产中、产后各环节的简单相加，而是各参与主体通过建立“利益共享、风险共担”的经济利益共同体来把农业产前、产中、产后各环节整合为一个完整的产业系统进行一体化经营。各参与主体是否结成了“利益共享、风险共担”的经济利益共同体，是衡量农业产业化经营的重要标志。各参与主体通过建立“利益共享、风险共担”的经济利益共同体，来把农业产前、产中、产后各环节连接在一起经营，目的是为了支付更少的交易成本和获得更多的比较利益。因此，能否节约交易成本和增加比较利益，即实现1+1>2的资本增值效应，就成为各经济利益主体是否参与经济共同体的一个重要前提。参与农业产业化经营的各经济利益主体，主要包括产前为农业生产提供机械、良种、化肥等农用物资的相关企业与组织；产中从事耕地、育种、播种、施肥、灌溉、收获、防治病虫害等的企业和组织；产后从事各种农产品的收购、运输、加工、仓储和农产品及其加工品的销售等的企业组织。对于参与经济利益共同体的企业组织来讲，一方面可以减少交易成本，即减少用于搜寻交易对象、进行交易谈判和签约，确定合理价格等所需要的时间、精力和费用以及监督合同履行所需要花费的时间、精力和费用。另一方面，也会增加建立经济利益共同体和进行内部管理、协调等方面的组织成本。

5. “龙头”形式的选择必须因地制宜、因势制宜　参与农业产业化经营的龙头单位可以是加工、贮藏、运销等企业，也可以是行业专业协会、专业合作经济组织、专业批发市场、社会化服务组织等。至于龙头单位到底应该采取哪一种具体形式，这一方面需要考虑当地的农业生产经营特点，另一方面还需充分考虑当地的经济发展状况。在选择和确定某一具体龙头单位时，还必须充分考虑其优势所在。总的来说，在选择和确定龙头单位时应考虑某一种形式的龙头单位或某一具体的龙头单位能否更好地吸引并带动广大农户以更少的成本和更小的风险与国内外大市场连接起来。比如，在一些国有农产品加工、贮藏、运销等企业发展较好的地区，可以发挥当地国有农产品加工、贮藏、运销等企业的

“龙头”作用，吸引和组织分散经营的农户参与产业化经营，带动千家万户整体地走向市场；在一些农产品加工、贮藏、运销等乡镇企业发展较好的地区，可以将具有一定优势的农产品加工、贮藏、运销等乡镇企业作为农业产业化经营的龙头企业。具体以加工、贮藏或运销等企业组织中的哪一种形式作为龙头单位，还必须考虑农产品市场的发展和完善、农业生产的专业化和规模化发展程度以及农产品生产和经营的品种等因素。因此，选择龙头单位的具体形式不能随意，一定要因地制宜，因势制宜。

6. 政府工作的重点放在推动农业科技进步上 首先，政府工作要紧紧围绕农业发展急需解决的重大技术课题，集中财力、人力、物力，加强基础研究、应用研究和高新技术研究，力争在农业生物技术、信息技术、资源利用和生态保护技术等关键技术尽快取得新突破。还要广泛开展国际农业科技交流与合作，有重点、有选择地组织技术的引进、消化、吸收和创新工作。其次，要强化运用技术的开发与推广，加强科技成果产业化进程，促进科技成果向现实生产力转化。为此，要加快核桃等干果种苗体系建设。要巩固和完善农技推广体系，加强农业社会化服务组织之间的协作，积极探讨市场经济条件下加快农业科技成果转化的有效形式和途径，创新和完善农技服务机制。第三，要加快农业科技体制改革，重点解决条块分割、力量分散、科研与生产脱节等问题。要鼓励科研单位创新、竞争与合作，形成有利于快出人才、快出成果、出大成果的机制；鼓励农业科研、教育、推广单位兴办科技企业，促进科技、教育同经济的结合；鼓励企业投资农业科研，参与科技成果的转化推广。同时，要大力培育技术市场，促进农业科技成果产业化、商品化；大胆探索市场经济条件下“产学研”有机结合的组织体系和运行机制。第四，要完善以高等教育为龙头、职业技术教育为主体、各级各类教育协调发展的农业教育体系，大力提高农民科技文化素质。这是实现农业科技进步，转变农业增长方式的一个关键点。因为农业科技最终需要农民来掌握和使用，并将其转化为现实的生产力。如果不通过有效的农业教育体系改变农民科技文化低的现状，要做到依靠科技进步，实现农业增长方式转变就成为一句空话，农业产业化经营也就缺乏深厚的根基。

附录1　核桃栽培管理作业历

时期	物候期	作业内容	技术措施要求
1～2月	休眠期	1. 修剪 2. 幼树防寒	1. 冬季修剪避开伤流期，常用树形有主干疏层形，双层小冠形，开心形和纺锤形 2. 采用埋土法和缠裹法，对幼树防寒
3月	萌芽前	1. 追肥、灌水 2. 栽植苗木 3. 树干涂粘胶环 4. 病虫害防治	1. 秋季未施基肥的地块，补施基肥，以人粪尿为主，施后灌水 2. 新建园栽树 3. 树干涂10厘米宽的粘虫带，粘住并杀死上树的草履介小若虫，树干刮平绑上一块塑料布 4. 病虫害防治 ①萌芽前喷3～5波美度石硫合剂可防治核桃黑斑病、炭疽病、腐烂病、螨类、介壳虫 ②腐烂病严重的核桃园要刮除病斑，并涂50～100倍4%农抗120
4月	萌芽开花展叶期	1. 幼树解除防寒 2. 疏除雄花 3. 预防霜冻 4. 病虫害防治	1. 萌芽前刨土堆，取除缠裹核桃枝的塑料膜及卫生纸，解除防寒 2. 雄花膨大期，可疏除80%～90%的雄花芽（中下部多疏，上部少疏） 3. 收听天气预报，在霜冻来临前点火熏烟 4. 病虫害防治 ①傍晚人工震动树干，捕杀黑绒金龟子和核桃扁叶甲 ②防治舞毒蛾、草履介壳虫，可喷苦参碱或除虫菊酯 ③防治黑斑病、炭疽病可喷倍量式波尔多液1～2次 ④防治腐烂病可喷4% 800倍农抗120

（续）

时期	物候期	作业内容	技术措施要求
5月	果实膨大期	1. 夏季管理 2. 病虫害防治	1. 5月中旬进行夏剪疏除过密枝，短截旺盛发育枝，增加枝量，及早扩大树冠，培养结果枝组 2. 核桃举肢蛾防治，树盘覆土阻止成虫羽化，用性诱剂监测举肢蛾的发生，喷苦参碱、阿维菌素防治 3. 用频振式杀虫灯、糖醋液诱杀桃蛀螟和举肢蛾成虫
6月	花芽分化及硬核期	1. 追肥 2. 中耕除草 3. 病虫害防治	1. 花芽分化前追施发酵好的鸡粪 2. 人工除草 3. 对核桃褐斑病、枝枯病、溃疡病可喷多氧霉素、波尔多液防治，药剂交替使用
7月	种仁充实期	1. 果园管理同6月 2. 中耕除草 3. 病虫害防治	1. 捡拾落果，采摘虫果、病果集中深埋 2. 树干绑草诱杀核桃瘤蛾，灯光诱杀成虫 3. 刺蛾、瘤蛾、核桃小吉丁虫用，苦参碱或除虫菊酯防治。核桃褐斑病用倍量式波尔多液防治
8月	成熟前期	1. 排水 2. 叶面喷肥 3. 病虫害防治	1. 叶面喷草木灰浸出液1～2次,促进树体充实 2. 核桃瘤蛾二代、缀叶螟、刺蛾用苦参碱防治；桃蛀螟用糖醋液诱杀
9月	核桃采收期	1. 适时采收，采后加工处理 2. 修剪 3. 施基肥	1. 果皮由绿变黄，部分青皮开裂时采收，避免过早采收，采后及时脱青皮，清水冲洗，及时晾晒 2. 采后修剪疏除过密大枝，剪除干枯枝、病虫枝，回缩衰老枝 3. 大树株施100～200千克农家肥
10月	落叶前期	1. 果园同9月 2. 树干涂白防冻 3. 注意大青叶蝉的防治 4. 病害防治	1. 9月未做完施肥和修剪继续进行 2. 树干涂白剂的配方：生石灰5千克、硫黄0.5千克、食用油0.1千克、食盐0.25千克、水20千克，搅拌均匀 3. 大青叶蝉10月上中旬在核桃枝干上产卵，注意防治 ①产卵前树干涂白，阻止产卵 ②霜降前后喷苦参碱防治 4. 腐烂病、枝枯病、溃疡病刮出病板刮口涂1%的硫酸铜液或10%碱水

（续）

时期	物候期	作业内容	技术措施要求
11～12月	休眠期	1. 秋耕 2. 清园 3. 浇防冻水 4. 幼树越前进行防寒处理	1. 树盘深翻20～30厘米 2. 清扫枯枝落叶，深埋 3. 土壤上冻前浇防冻水 4. 1～2年生树弯到埋土，不易弯到的用编织袋装土埋实；3年生树干用微膜和卫生纸缠裹。缠裹时注意膜在里纸在外

附录2 树生果仁工程简介

（树生果仁工程——核桃篇）

树生果仁顾名思义就是指树上结出的果仁，其中包括核桃、扁桃、阿月浑子、杏仁、榛子、腰果等果仁类。核桃仁含有人体必需的钙、磷、铁等多种微量元素和矿物质，以及胡萝卜素、核黄素等多种维生素。核桃中所含脂肪的主要成分是亚油酸甘油酯，食用后不但不会使胆固醇升高，还能减少肠道对胆固醇的吸收，因此，可作为高血压、动脉硬化患者的食疗佳品。核桃中所含的微量元素锌和锰是脑垂体的重要成分，常食有益于脑的营养补充，有健脑益智作用。

近年来随着经济社会的发展和人民生活水平的不断提高，健康越来越受到消费者的重视，食品的保健功效成为人们日常消费的一个重要参考指标，尤其是核桃对人体的心脑血管的保健功效和健脑功能被人们所认同，因此干果的消费正快速的增长，消费市场巨大。

我国山西威特公司是干果产业发展中的典范。下面以该公司为例，介绍“树生果仁工程”。

“树生果仁工程”就是通过引进最新的核桃优良品种和栽培管理技术，实行“公司＋基地＋农户”的经营运作模式，让核桃产业在当地农业生产中成为支柱产业和主导产品，呈现专业化生产、一体化经营、社会化服务、企业化管理的特色，把产供销、贸工农、科技紧密结合起来，形成一条龙的经营机制。树生果仁工程的实施不仅促进了山西省农业产业结构的调整，而且使山西省干果产业形成产业化优势，从而推动了当地农村经济的发展，带动农民致富增收。

一、树生果仁工程目标

采取“公司＋基地＋农户”的模式，通过引进适合国内外市场需求的优良品种，结合当前林业科研最新科技成果，科学种植，威特公司在山西发展20万亩优质核桃基地，从而达到优种化、有机化、集约化、国际化，创出中国知名名牌。通过实行产业化经营建立大型综合食品加工厂，产值达8亿元以上，达到以外贸出口为主，兼顾国内市场的销售模式，实施树生果仁工程的发展前景广阔。

1. 通过选择种植适合国际市场需求的优良品种，可保持20年在国内处于领先地位。从国外品种和国内品种中选择即符合国际市场需求，又适宜当地栽种的品种，不仅达到品种化，而且形成优种化。

2. 通过采用先进的栽培管理模式，使农民的经济效益有较大的增加。通过运用新品种及科学的栽培方法，可使核桃树在第三年就挂果，第四年、第五年后每年可保持每亩3 000元以上的收益。

3. 通过采取“公司＋基地＋农户”的集约化生产，实行产、供、销一条龙，订单农业种植，使农民得实惠。由公司负责苗木的选择、销售、栽培管理，并派专职技术员免费进行技术培训和指导，与农民签订20年的收购合同。不但使农民在核桃种植丰产性上有保障，还彻底解决了农民对产品销售的后顾之忧。

4. 科学化化经营管理，早采摘、早加工，创出中国第一品牌。不仅可以满足国外客户的要求，提前出口装运期，达到季产年销，而且可以恢复中国带壳核桃在国际市场的销路，并可改善中国核桃仁质量在国外市场的被动地位。通过品牌营销，使产品可与美国“钻石”核桃仁进行竞争，在国内外市场上占据主导地位。

二、实施树生果仁工程农民经济效益分析

根据当地农民传统产业——小麦和棉花的产值预算，每亩年纯利润达400～700元，种植优种核桃亩产值可达4 000元以上。

（一）核桃园经济效益分析

优质矮化核桃品种嫁接苗当年栽植即可开花结果，但按照技术要求，两年内必须去掉花果，第三年可株产1～1.5千克，第五年核桃园可亩产核桃200～300千克。按市场价每千克20元计算，第五年的产值在4 000元以上。

（二）每亩核桃产出效益分析

第一年：支出：每亩苗木费45株×12元/株＝540元

挖坑、栽植　　100元

肥料、灌水　　130元

合计　　770元

收入：当年间作绿豆120斤*×5元/斤＝600元

第一年实际支出170元

第二年：支出：每亩肥水130元

收入：间作绿豆120斤×5元/斤＝600元

第二年实际收入470元

第三年：支出：每亩肥水150元

收入：核桃每株平均产量1千克，亩产45千克

45千克×20元/千克＝900元

第三年实际收入750元

前三年实际投入1 050元，收入2 100元

前三年实际经济效益收入1 050元

* 斤非法定计量单位，1斤＝500克。

第四年：支出：肥水 150 元

收入：核桃每株平均产量 3.5 千克，亩产 157.5 千克

157.5 千克×20 元/千克＝3 150 元

实际收入 3 000 元

第五年：亩产可在 230 千克以上，产值可在 4 600 元以上

核桃进入盛果期可保持在 20 年以上，在精细的管理条件下，株产高达 8 千克左右，种植核桃是一项长期高效的产业。

三、山西威特食品有限公司树生果仁产业运作模式

为了切实保障树生果仁工程项目的实施，公司按照“公司＋基地＋农户”的运作模式，实行统一品牌，统一提供苗木、统一技术指导、统一产品收购、加工和销售。责任明确、利益同享、风险共担。

参考文献

白岗栓．2000. 核桃腐烂病的发生与防治［J］．陕西林业科技（1）：28-40.

曹尚银，郭俊英，等．2005. 优质核桃无公害丰产栽培［M］．北京：科学技术文献出版社．

常金龙．2002. 核桃主要病虫害的防治［J］．柑橘与亚热带果树信息（18）：44-45.

楚燕杰．2004. 北方核桃无公害病虫害防治历［J］．果农之友（6）：33-34.

代东．2007. 核桃小吉丁虫综合防治技术［J］．山西林业（2）：36-37.

高九思，史跃强，韩立新，等．2005. 稀土微肥在果树上的应用［J］．河北果树（6）：54.

高举．2003. 果树秋季地膜覆盖效果好［J］．土壤肥料，164（10）：15.

谷瑞民，雷振民，马翠霞．2009. 核桃幼园地膜覆盖栽培技术初步研究[J]．陕西林业科技（2）：40-42.

国家林业局植树造林司，全国核桃产业发展协作组．2008. 中国核桃产业发展报告［M］．北京：中国林业出版社．

郝燕宾，王贵，等．2008. 核桃精细管理12个月［M］．北京：中国林业出版社．

河北农业大学，等．1985. 果树栽培学总论［M］．北京：农业出版社．

花蕾，等．2002. 无公害果品病虫害防治技术［M］．北京：中国标准出版社．

李保国，齐国辉，等．2007. 绿色优质薄皮核桃生产［M］．北京：中国林业出版社．

李东霞．2008. 木橑尺蠖的生物学特性和综合防治技术［J］．科技情报开发与经济（18）：156-157.

刘艳珍．2008. 干旱地区优质核桃栽培技术［J］．山西林业（3）：17-18.

卢文君 . 2009. 核桃施肥技术［J］. 土壤肥料（5）：36.

罗秀钧，魏玉君，等 . 2003. 优质高档核桃生产技术［J］. 郑州：中原农民出版社 .

陕西省果树研究所 . 1980. 核桃［M］. 北京：中国林业出版社 .

陶志锐 . 2004. 核桃主要病虫害防治要点［J］. 甘肃科技（20）：183 - 185.

王根宪，胡海峰 . 2006. 早实核桃幼龄园合理间作技术［J］. 陕西农业科学（2）：134.

王洪谷 . 1995. 光合微肥的增产效果和机理［J］. 四川农业科技（1）：22.

吴国良，等 . 经济林优质高效栽培［M］. 1999. 北京：中国林业出版社 .

吴国良，段良骅 . 2000. 现代核桃整形修剪技术图解［M］. 北京：中国林业出版社 .

吴国良，李平记，王彤宇，等 . 1998. 图说核桃、柿树栽培新技术［M］. 北京：科学技术出版社 .

郗荣庭，张毅萍，等 . 1994. 中国核桃［M］. 北京：中国林业出版社 .

郗荣庭，张毅萍 . 1996. 中国果树志（核桃卷）［M］. 北京：中国林业出版社 .

于千桂 . 2008. 核桃病虫害的生物、农业及人工防治［J］. 烟台果树（2）：52.

原双进，刘朝斌 . 2005. 核桃栽培新技术［M］. 杨凌：西北农林科技大学出版社 .

张美勇，徐颖，陈吴海，等 . 2008. 薄壳早实核桃栽培技术百问百答［M］. 北京：中国农业出版社 .

张燕，冯浩，汪有科，等 . 2007. 土壤结构改良剂在节水农业中的研究与应用［J］. 中国农学通报，23（9）：595 - 598.

张志华，高仪 . 1993. 核桃光合特性的研究［J］. 园艺学报，20（4）：319 -323.

张志华，王红霞，赵书岗，等 . 2009. 核桃安全优质高效生产配套技术［M］. 北京：中国农业出版社 .

周泽胜 . 1997. 对核桃实行果粮间作效益的调查［J］. 经济林研究，15（2）：50 -51.

图书在版编目（CIP）数据

核桃无公害高效生产技术/吴国良主编．—北京：中国农业出版社，2010.9（2017.10重印）
ISBN 978-7-109-14915-1

Ⅰ.①核…　Ⅱ.①吴…　Ⅲ.①核桃—果树园艺—无污染技术　Ⅳ.①S664.1

中国版本图书馆 CIP 数据核字（2010）第 165062 号

中国农业出版社出版
（北京市朝阳区农展馆北路 2 号）
（邮政编码 100125）
责任编辑　黄　宇

北京中新伟业印刷有限公司印刷　　新华书店北京发行所发行
2010 年 9 月第 1 版　　2017 年 10 月北京第 7 次印刷

开本：850mm×1168mm　1/32　　印张：7.75
字数：180 千字　　印数：29001～32000 册
定价：16.00 元